L. DEMOZAY

ÉTUDE sur la CROISSANCE des PLANTES

LE MOUVEMENT SANITAIRE
ÉDITEUR
4, Rue de Sèvres - PARIS

L. DEMOZAY

ÉTUDE
sur la
CROISSANCE
des
PLANTES

LE MOUVEMENT SANITAIRE
ÉDITEUR
4, Rue de Sèvres - PARIS

Etude sur la Croissance des Plantes

L'origine de cette étude remonte à 1904. A cette époque, nous avions été frappé par la rapidité de la croissance d'un pied de pivoine et c'est alors que par simple curiosité, nous avons cherché à nous rendre compte de l'importance et du caractère de son développement.

Sans chercher dans le mécanisme de cette évolution, et sans savoir *à priori*, ce que nous pourrions trouver, nous avons du 4 avril au 10 mai, tous les jours à midi, mesuré la hauteur moyenne totale de la plante, feuilles comprises, jusqu'à leurs extrémités, depuis un point de repère fixé au sol et au pied de la plante.

Cette façon de concevoir l'étude du développement de la plante par l'évaluation de sa longueur peut paraître à première vue assez arbitraire. Malgré la précision qu'on peut apporter dans les mesures, il n'est pas dit *à priori* que le point de vue envisagé soit assez strictement biologique. C'est sans doute vrai. Mais il n'est pas sûr non plus que le point de vue auquel on doive se placer pour se rendre compte de ce développement soit unique. Nous savons au contraire qu'il existe bien d'autres éléments tels que le poids, le développement des cellules etc. qui pourraient être utilement considérés.

Nous avons pensé à mesurer des longueurs parce que les constatations sont faciles à faire, parce qu'elles peuvent être faites avec précision, et surtout parce que l'opération peut se multiplier à volonté et s'accomplir sans nuire en rien au développement du sujet.

Ce qui importe, c'est que les mesures soient faites avec régularité, en opérant toujours de la même façon, de sorte qu'elles soient comparables entre elles. C'est ce que nous sommes efforcé de réaliser.

PREMIÈRE SERIE DE MESURES

Les longueurs moyennes qui ont été ainsi mesurées, comme il est indiqué plus haut, sont données dans le tableau suivant N° 1 :

TABLEAU N° 1

DATES		m/m	DATES		m/m	DATES		m/m	DATES		m/m
Avril	4	70	Avril	14	260	Avril	25	520	Mai	8	715
	5	75		15	310		26	540		10	730
	6	80		16	340		27	555			
	7	100		17	350		28	565			
	8	110		18	395		29	590			
	9	130		19	420		30	620			
	10	152		20	440	Mai	1	640			
	11	165		21	470		2	660			
	12	195		22	490		4	680			
	13	220		23	500		6	700			

Mesures prises sur un pied de pivoine en 1904

Dans la fig. n° 1 qui traduit ces données, nous avons porté les dates en abscisses et les longueurs trouvées en ordonnées. La ligne qui joint ces points fixe ainsi la loi de la croissance de la plante en fonction du temps pendant toute la durée des observations.

Bien que n'ayant pu prolonger nos mesures au delà du 10 mai, la figure obtenue est assez caractéristique cependant pour attirer l'attention et nous devons dire que dès cette époque, nous avons été frappé par sa forme régulière. Nous étions déjà convaincu qu'elle n'était certainement pas due au hasard, mais qu'elle devait être liée à quelque loi biologique qui lui imposait son genre de continuité.

Obligé, par suite de certaines circonstances, d'interrompre nos premières observations, nous n'avons pu les reprendre qu'en 1920, dans un endroit différent du premier.

DEUXIÈME SERIE DE MESURES

C'est encore sur des pivoines que portent nos observations, mais cette fois, c'est sur six groupes de ces plantes, placées dans un massif de forme elliptique et bombé. Les emplacements de ces pivoines sont repérés sur la fig. n° 2 et numérotés de 1 à 6.

Comme on le voit, le petit axe de l'ellipse est incliné de 40° sur la ligne N. S. que nous avons indiquée en trait plein. Nous avons également figuré, mais en traits interrompus les directions des lignes de plus grande pente, de façon qu'on puisse se rendre compte de la situation relative de ces plantes sur le terrain et du sol par rapport à un plan horizontal. L'ensemble du terrain est de plus incliné la face du côté du Nord.

Le tableau n° 2 contient le relevé des mesures faites dans les mêmes conditions que précédemment. Les dates sont échelonnées du 1er Mars au 6 Juin 1920 et les longueurs des plantes sont évaluées en millimètres.

Les graphiques n°s 3, 4, 5, 6, 7 et 8 dans lesquels les dates sont portées en abscisses et les longueurs en ordonnées, représentent donc la loi de la croissance de chacune de ces plantes.

Le premier fait qui frappe, c'est d'abord la ressemblance de forme de toutes ces figures entre elles et ensuite avec la figure n° 1. Les dimensions diffèrent entre elles, il est vrai, et les inclinaisons de ces courbes sur les axes ne sont pas les mêmes ; mais dans l'ensemble on voit de suite que l'on a affaire avec un même genre de courbes, c'est-à-dire que toutes ces plantes obéissent à une même loi de variation, si une loi existe réellement.

TABLEAU N° 2

N[os] des Plantes	MARS					AVRIL										MAI					JUIN	
	1	17	21	26	28	1	4	6	9	11	13	15	18	22	29	4	9	13	18	26	1	6
	m/m	m/m	m/m	m/m	m/m	m/m	m/m	m/m	m/m	m/m	m/m	m/m	m/m	m/m	m/m	m/m	m/m	m/m	m/m	m/m	m/m	m/m
1	25	66	76	114	135	218	262	308	362	392	440	481	492	523	561	580	599	600	610	618	620	620
2	20	83	118	188	210	308	376	386	426	444	510	550	560	600	630	650	665	670	680	690	700	700
3	10	50	78	106	110	208	290	294	304	400	420	452	510	523	575	600	622	625	630	638	640	640
4	15	74	90	156	170	272	294	312	358	405	410	435	483	504	542	578	582	590	610	620	620	620
5	12	18	35	50	72	134	158	194	280	325	365	398	478	540	622	683	710	722	750	750		
6	10	20	48	116	156	212	262	300	375	420	440	460	560	600	660	730	750	750	760	760		

Groupe de pivoines numérotées de 1 à 6 — Les longueurs sont exprimées en millimètres

Nous avons donc recherché quelle pouvait être l'équation générale de ces courbes et nous avons trouvé qu'effectivement, toutes étaient sensiblement représentées par des équations ayant la même forme.

Chacune de ces courbes part d'abord asymptotiquement à l'axe des abscisses. La valeur de la tangente en chaque point croît ensuite avec le temps, passe par un maximum puis décroît pour redevenir ensuite égale à zéro lorsque la plante a achevé sa croissance.

Pour déterminer chaque équation, nous avons tout d'abord remarqué que ces courbes étaient symétriques par rapport à un centre situé sur la courbe, au milieu de celle-ci et au point d'inflexion.

En prenant pour axe des abscisses, celui des temps et pour axe des ordonnées, la droite passant par chaque point d'iflexion, on obtient pour ces courbes les équations suivantes :

PIVOINE 1904. — *Figure n° 1.* — L'origine des ordonnées est à la date du 20 Avril et son équation est :

$$y = 780 \frac{\overline{1{,}143}^{\,x}}{\overline{1{,}143}^{\,x} + 1}$$

dans laquelle y figure la longueur de la plante et x le nombre de jours correspondant à cette longueur par rapport au 20 Avril.

L'inclinaison de la tangente au point d'inflexion sur la ligne des abscisses est de 69°-4'.

PIVOINE 1920. — GROUPE N° 1. *Figure n° 3.* — L'origine des ordonnées est à la date du 6 Avril et l'équation de la courbe est :

$$y = 620 \frac{\overline{1{,}118}^{\,x}}{\overline{1{,}118}^{\,x} + 1}$$

L'inclinaison de la tangente au point d'inflexion est de 60°.

GROUPE N° 2, *Figure n° 4.* — L'origine des ordonnées est à la date du 4 Avril et l'équation de la courbe est :

$$y = 700 \frac{\overline{1{,}097}^{\,x}}{\overline{1{,}097}^{\,x} + 1}$$

L'inclinaison de la tangente au point d'inflexion est de : 58°-33'.

Groupe N° 3, *Figure n° 5.* — L'origine des ordonnées est à la date du 8 Avril et l'équation de la courbe est :

$$y = 640 \frac{\overline{1.120}^{\,x}}{\overline{1{,}120}^{\,x} + 1}$$

L'inclinaison de la tangente au point d'inflexion est de 61°-30'.

Groupe N° 4, *Figure n° 6.* — L'origine des ordonnées est au 6 Avril et l'équation de la courbe est :

$$y = 640 \frac{\overline{1.095}^{\,x}}{\overline{1{,}095}^{\,x} + 1}$$

L'inclinaison de la tangente au point d'inflexion est égale à 55°-26'.

Groupe N° 5, *Figure n° 7.* — L'origine des ordonnées est au 15 Avril et l'équation de la courbe est :

$$y = 760 \frac{\overline{1{,}131}^{\,x}}{\overline{1{,}131}^{\,x} + 1}$$

L'inclinaison de la tangente au point d'inflexion est égale à 66°-10'.

Groupe N° 6, *Figure n° 8.* — L'origine des ordonnées est au 10 Avril et l'équation de la courbe est :

$$y = 760 \frac{\overline{1{,}131}^{\,x}}{\overline{1{,}131}^{\,x} + 1}$$

L'inclinaison de la tangente au point d'inflexion égale 66°-10'.

Les deux courbes du dernier groupe sont à peu près identiques de forme et sont simplement décalées de cinq jours l'une par rapport à l'autre.

Pour bien marquer l'identité entre ce qu'a donné l'expérience et ce que révèlent les courbes représentant les équations précédentes, nous avons figuré sur les graphiques, un certain nombre de points satisfaisants aux équations et par conséquent définissant les courbes théoriques.

La conclusion générale découlant de tout ce qui précède est que la croissance en dimension linéaire des plantes envisagées obéit en fonction du temps à une loi qui est représentée mathématiquement par la formule suivante :

$$(1) \qquad y = H . \frac{a^{x}}{a^{x} + 1}$$

dans laquelle y représente la longueur de la plante à un moment, H la longueur maximum représentant la valeur limite du développement de la plante, x le temps compté en prenant pour origine le moment où sorte le mode d'évolution de la plante considérée. ficient particulier qui définit en quelque la plante atteint la hauteur $\frac{H}{2}$, enfin a un coef-

De l'équation (1), déduisons l'augmentation de longueur prise par la plante dans l'unité élémentaire de temps. Elle est représentée par l'expression de la tangente en chaque point et est égale à la vitesse d'accroissement.

On a donc :

$$\text{augmentation élémentaire de poids} = \frac{dy}{dx} = H \frac{a^{x}}{(a^{x} + 1)^{2}} \cdot \frac{\log. a}{\log. e}$$

$$\text{ou } (2) \qquad \frac{dy}{dx} = \frac{y}{a^{x} + 1} \cdot \frac{\log a}{\log e}$$

Si nous rapportons cette augmentation élémentaire à l'unité de longueur correspondant au même moment, nous définirons ainsi un indice représentant à l'instant considéré la puissance de l'évolution de la plante, ou encore sa capacité de transformation au moment considéré.

Soit i cet indice, on aura :

$$i = \frac{\frac{dy}{dx}}{y} = \frac{1}{a^{x} + 1} \cdot \frac{\log a}{\log e}$$

Or de l'équation (I) on déduit :

$$H.a^{x} = y\,(a^{x} + 1)$$

$$\text{ou} \qquad (H - y)\ (a^{x} + 1)$$

$$\text{et} \qquad \frac{1}{a^{x} + 1} = \frac{H - y}{H}$$

d'où on déduit :

$$(3) \quad i = \frac{H - y}{H} \cdot \frac{\log a}{\log e}$$

L'expression H — y représente ce qui manque à la plante à l'instant considéré pour atteindre son maximum de développement et comme $\frac{1}{H} \cdot \frac{\log a}{\log e}$ est constant, on voit que la formule (3) exprime rigoureusement la loi suivante :

A chaque instant de son développement, la capacité de transformation de la plante est proportionnelle à ce qui lui manque pour atteindre son maximum de développement.

On pourrait encore énoncer cette loi sous la forme suivante :

La puissance d'assimilation de la plante est à chaque instant proportionnelle à ce qui lui manque pour atteindre son maximum de développement.

Ou bien encore : La puissance avec laquelle se fait la transformation est proportionnelle à ce qui reste à transformer.

Cette loi qui nous semble très remarquable, exprimée sous cette forme simple et qui semble toute naturelle, paraît avoir une certaine portée philosophique en ce sens que la puissance d'assimilation est soumise à une sorte de prédestination puisque à chaque instant elle est proportionnelle à quelque chose qui n'est qu'un devenir mais qui est fixé *à priori*. A chaque instant son évolution dépend de son épanouissement final.

Il est possible que cet épanouissement final ne soit défini *à priori* que par une moyenne autour de laquelle peut osciller la valeur H ; c'est même probable. Néanmoins, cette remarque n'enlève rien à la valeur de la loi et au finalisme qui régit l'évolution de la plante.

Dans tous les cas, elle nous a paru assez importante pour en vérifier si possible l'exactitude en opérant sur d'autres plantes. C'est ce que nous avons fait.

Troisième Série de Mesures

Nous donnons ci-après, les observations poursuivies en 1921 en opérant sur un arbrisseau dont nous ignorons le nom, un laurier-cerise, une jacinthe, un cérisier, un lilas et un marronnier.

Arbrisseau. — L'observation porte sur le développement d'une tige feuillue depuis le moment où le bouton se forme jusqu'au moment où le développement est arrêté.

Les résultats sont contenus dans le tableau n° 3 et dans le graphique n° 9 qui les traduits. Comme dans les graphiques précédents, les temps sont portés en abscisses et les longueurs en ordonnées.

TABLEAU N° 3

DATES	m/m	DATES	m/m	DATES	m/m	DATES	m/m	DATES	m/m	DATES	m/m
Février 20	4	Mars 22	25	Avril 11	49	Avril 21	65	Mai 10	122	Juin 2	210
22	4,5	24	26	12	51	22	66	11	124	5	220
27	10	27	29,5	13	52	24	72	13	129	8	230
Mars 3	12	30	32	14	57	26	76	15	131	10	234
5	14	Avril 1	33	15	63	28	80	19	158	14	240
8	15	3	36	16	63	30	88	21	163	16	243
10	15,5	5	40	17	63	Mai 1	93	23	178	18	243
13	16	6	44	18	64	3	98	27	191	23	243
16	18	7	45	19	64	5	105	29	193		
19	22	10	46	20	65	7	114	31	195		

Développement d'une tige d'arbrisseau

L'origine des abscisses correspond au 18 Mai et la courbe représentative de la croissance est exprimée par l'équation :

$$y = 310 \frac{1.045^{x}}{1,045^{x} + 1}$$

Laurier-Cerise. — Nous avons suivi le complet développement et l'épanouissement d'un bouton et de ses feuilles. Les résultats sont donnés dans le tableau n° 4 et le graphique n° 10.

TABLEAU N° 4

DATES		m/m	DATES		m/m	DATES		m/m	DATES		m/m	DATES		m/m	DATES		m/m
Février	20	20	Mars	22	35,5	Mars	11	48	Avril	21	62	Mai	10	104	Juin	2	212
	22	22		24	35,5		12	49		22	63		11	110		5	223
	27	27,5		27	38		13	51		24	63		13	116		8	279
Mars	3	30		30	39		14	55		26	65		15	123		10	305
	5	30,5	Avril	1	40		15	60		28	67		19	145		14	310
	8	31,5		3	40		16	60		30	76		21	160		16	312
	10	32		5	45		17	61	Mai	1	79		23	170		18	312
	13	33		6	45		18	61		3	83		27	185		32	311
	16	35		7	46		19	62		5	85		29	195			
	19	35		10	46		20	62		7	90		31	200			

Développement des feuilles d'un Laurier-cerise

L'équation qui définit la loi du développement chez cette plante est :

$$y - 30 = 260 \frac{\overline{1,070}^{x}}{\overline{1,070}^{x} + 1}$$

équation d'identité de forme aux précédentes, en posant.

$$y - 30 = Y$$

L'origine des temps est le 21 mai.

Jacinthe. — La Jacinthe a présenté un phénomène particulier. Jusqu'au 10 avril, les feuilles seules ont poussé et ce sont leurs longueurs qui sont portées jusqu'à cette date. A partir de ce moment, leur longueur est restée assez sensiblement stationnaire, mais la tige devant donner la fleur a commencé à se développer.

C'est après avoir suivi le développement de cette tige que nous avons été amené à additionner la longueur à laquelle étaient restées les feuilles à cette longueur de tige pour retrouver l'allure des courbes précédentes. Ce sont ces nombres qui figurent dans le tableau n° 5 et qui sont transposés sur le graphique n° II.

TABLEAU N° 5

DATES		m/m	DATES		m/m	DATES		m/m	DATES		m/m	DATES		m/m
Février	20	20	Mars	21	165	Avril	11	290	Avril	21	432	Mai	10	708
	22	25		24	180		12	325		22	435		11	735
	27	40,5		27	185		13	350		24	455		13	785
Mars	3	50		30	200		14	362		26	465		15	795
	5	52	Avril	1	220		15	400		28	520		19	815
	8	65		3	230		16	410		30	565		21	815
	10	80		5	275		17	412	Mai	1	585		23	835
	13	100		6	285		18	413		3	615		27	835
	16	127		7	287		19	420		5	635		29	835
	19	155		10	288		20	430		7	645			

Développement d'une jacinthe

Comme pour les graphiques précédents, la courbe représentant la variation du développement de la plante a pour équation :

$$y = 160 \frac{\overline{1,043}^{\,x}}{\overline{1,043}^{\,x} + 1}$$

L'origine des abscisses est le 15 mai.

Cérisier. — Pour cette plante, nous n'avons poursuivi nos observations que sur un bouton à fleur et jusqu'au moment où la fleur se fane.

Les résultats sont contenus au tableau n° 6 et au graphique n° 12.

TABLEAU N° 6

DATES		m/m	DATES		m/m	DATES		m/m
Février	20	10	Mars	22	14	Avril	11	42
	22	10		24	14		12	44
	27	10		27	15,5		13	48
Mars	3	11		30	20		14	50
	5	11	Avril	1	21		15	50
	8	11		3	23		16	
	10	11		5	29		17	
	13	11		6	35		18	
	16	12		7	36		19	
	19	12,5		10	40		20	

Développement d'un bourgeon de cerisier donnant une fleur

La partie de la courbe ainsi constituée a la forme canonique précédente et son équation est :

$$y - 10 = 80 \frac{1{,}145^{x}}{1{,}145^{x} + 1}$$

L'origine des abscisses est le 14 avril.

Lilas. — Les observations portent sur un bourgeon à feuilles. Les résultats sont donnés au tableau n° 7 et au graphique n° 13.

TABLEAU N° 7

DATES		m/m	DATES		m/m	DATES		m/m	DATES		m/m	DATES		m/m	DATES		m/m
Février	20	8	Mars	22	17	Avril	11	46	Avril	21	70	Mai	10	126	Juin	2	169
	22	9		24	18		12	50		22	70		11	135		5	169
	27	9		27	20		13	55		24	73		13	140		8	169
Mars	3	10		30	22		14	62		26	76		15	145			
	5	11	Avril	1	23		15	67		28	86		19	154			
	8	11		3	29		16	67		30	93		21	160			
	10	11		5	30		17	68	Mai	1	97		23	162			
	13	11		6	38		18	68		3	105		27	165			
	16	12,5		7	39		19	69		5	113		29	167			
	19	15		10	40		20	69		7	118		31	168			

Développement d'un bourgeon de lilas

L'origine des temps est pris au 28 Avril et l'équation représentative de la croissance est :

$$y - 7 = 174 \frac{1,084^{x}}{1,084^{x} + 1}$$

Marronnier. — Comme pour le lilas, c'est le développement d'un bourgeon à feuille que nous avons suivi.

Les observations sont contenues dans le tableau n° 8 et sur le graphique n° 14.

TABLEAU N° 8

DATES	m/m	DATES	m/m	DATES	m/m	DATES	m/m	DATES	m/m	DATES	m/m
Février 20	22	Mars 22	21	Avril 11	40	Avril 21	91	Mai 10	342	Juin 2	455
22	22	24	25	12	45	22	95	11	350	5	455
27	22,5	27	25	13	48	24	108	3	390		
Mars 3	24	30	25	14	60	26	120	15	400		
5	24	Avril 1	25	15	70	28	157	19	425		
8	24	3	28	16	75	30	205	21	445		
10	24	5	32,5	17	76	Mai 1	225	23	445		
13	24	6	35	18	77	3	245	27	455		
16	24	7	35	19	82	5	260	29	455		
19	24	10	38	20	85	7	315	31	455		

Développement d'un bourgeon de marronnier.

L'origine des abscisses est au 3 mai et l'équation de la courbe est :

$$y - 24 = 460 \frac{1,165^{x}}{1,165^{x} + 1}$$

Malgré la variété des observations, nous obtenons toujours la même forme de courbe correspondant à la même équation dont nous avons étudié la propriété remarquable d'après les documents recueillis précédemment avec les pivoines.

Pour l'ensemble des cas que nous avons expérimentés, nous trouvons que la croissance envisagée comme nous l'avons exposée, c'est-à-dire du point de vue de l'accroissement de longueur des organes de la plante, est exprimée en fonction du temps par une équation ayant la forme générale suivante :

$$y = H.\frac{a^x}{a^x + 1}$$

Equation de laquelle nous avons déduit par voie de transformation la loi suivante :

A chaque instant de la croissance d'une plante ou de l'un de ses organes, la puissance déterminant son accroissement est proportionnelle à ce qui lui manque pour atteindre son développement final.

Cette forme de courbe paraît tout à fait générale et semble bien devoir s'appliquer à un grand nombre de phénomènes à caractère évolutif, lorsque l'évolution considérée est bornée dans son avenir et que la chose envisagée doit affecter finalement une forme limite.

Autrement dit, lorsqu'un phénomène susceptible de se produire est déclanché et que l'énergie qu'il possède par lui-même est suffisante pour déterminer son évolution d'une façon continue et normale avec l'aide de l'ambiance dans laquelle il puise les matériaux nécessaires à son accomplissement, la forme affectée par l'allure du phénomène est celle qui est représentée par la fonction ci-dessus.

On comprend, d'après cette forme de fonction et la propriété que nous en avons déduite, que les perturbations ressenties au début et dans les premiers moments du développement de la plante doivent avoir un maximum d'effet et que les modifications ainsi provoquées doivent en partie se maintenir durant tout le temps de son existence en affectant tous les organes. Celles au contraire qui pourraient se produire vers la fin et au moment de l'épanouissement de la plante ne peuvent avoir que peu d'effet en agissant sur des organes dont les formes sont à peu près fixées. Du reste, les perturbations ne pourraient se traduire que par des effets insignifiants.

Les courbes que nous avons été amené à construire et qui se rapportent à l'année 1921, nous ont permis de faire une autre constatation intéressante. Portons en effet sur une même figure, graphique n° 15, les diagrammes de croissance compris entre le 1er avril et le 3 mai.

On observe de suite en superposant ces courbes que du 6 au 10 Avril, il y a un ralentissement de la croissance ; du 10 au 15 il se fait une reprise de poussée ; du 15 au 24, le ralentissement se manifeste de nouveau avec un maximum aux environs du 18 ; enfin au-delà du 24, la reprise de croissance se fait de nouveau.

Dans ce parallèlisme des inflexions des courbes, il y a là l'indice d'une cause qui influe également sur tous ces organes malgré leur variété pour accélérer ou diminuer leur croissance. Cette cause, c'est la variation générale atmosphérique. Nous avons eu deux périodes successives de froid l'une du 6 au 10 avril, l'autre du 15 au 24 qui se sont fait immédiatement sentir sur la croissance des plantes. Malheureusement, surpris par ce phénomène inattendu, nous avons négligé de relever les températures et la situation atmosphérique. La seule chose que nous puissions dire c'est que les deux périodes de ralentissement correspondent à deux périodes de mauvais temps caractérisées par un abaissement prononcé de la température générale.

Ce phénomène d'ensemble méritait d'être signalé car il est très caractéristique et il l'est d'autant plus qu'il s'est produit parallèlement sur des organes de plantes très différentes les unes des autres.

La loi que nous avons observée et formulée sur la croissance doit donc être complétée en faisant remarquer qu'elle est relative à une ambiance normale, c'est-à-dire qui n'est pas affectée de perturbations trop importantes du genre de celles que nous venons de signaler. Malgré ces perturbations, on peut néanmoins considérer qu'elles n'ont pas été suffisantes pour masquer la loi.

On voit ainsi qu'en période d'évolution, la plante très sensible réagit immédiatement aux variations pour s'adapter de suite aux conditions atmoshériques qui lui sont imposées.

Phénomènes d'Ordres Divers
Assimilables aux Précécents

Depuis que nous avons reconnu la propriété la plus intéressante de cette courbe ainsi que sa traduction en langage pratique, nous avons cherché si dans d'autres circonstances, et dans l'étude d'un certain nombre de phénomènes naturels, nous ne retrouverions pas des propriétés se traduisant par des courbes semblables à celles que nous venons de rencontrer.

Comme suite à cette préoccupation et à ces recherches, nous énumérons ci-après quelques unes des constatations que nous avons faites et qui nous ont le plus frappé.

A. — LOI DE CROISSANCE DES TISSUS CONSTITUANT LE POUMON FŒTAL DU MOUTON

Nous la trouvons dans une note de M. E. Fauré-Frémiet, parue dans les Comptes-rendus de l'Académie des Sciences du 24 Octobre 1921 et dans laquelle il est spécifié que l'accroissement pondéral du poumon du mouton, étudié en fonction du temps pendant la vie intra-utérine, peut être représenté par une courbe en S à laquelle s'applique parfaitement l'équation générale proposée par Brailsford Robertson, soit :

$$\log \frac{x}{A - x} = K \, (t - t_1)$$

A étant le poids moyen du poumon à la naissance ;

ts le temps correspondant au poids $\frac{A}{2}$

x étant le temps ;

K une constante.

Cette formule est absolument identique à la nôtre. En effet posons t — ts = T.

$$\text{Nous avons } \log \frac{x}{A - x} = K\,T$$

d'où $$\frac{x}{A - x} = 1$$

ou pour l'assimilation des lettres avec notre formule :

$$\frac{y}{H - y} = a^{x}$$

et $$y = H \frac{a^{x}}{1 + a^{x}}$$

L'identité est donc complète et les déductions que nous avons tirées de cette formule, c'est-à-dire sa véritable signification biologique sont les mêmes. Il est intéressant de remarquer que dans le cas présent, il s'agit d'une extension de ce que nous avons constaté dans les études que nous avons faites sur les plantes.

Dans le cas des plantes, nous n'avons mesuré que des longueurs, dans le cas présent, ce sont les poids des tissus qui ont été envisagés. Nous n'insisterons pas sur les différences physiologiques qui caractérisent ces deux genres de phénomènes. Mais la loi est la même dans les deux cas, et la forme sous laquelle nous avons exposé nos résultats, c'est-à-dire que l'aptitude de l'organisme considéré est à chaque instant proportionnelle à ce qui lui manque pour atteindre son développement définitif et normal prend un caractère de généralité indéniable qui est voisin d'un principe.

Il était donc intéressant de signaler ces analogies.

B. — COURBE DES PRESSIONS DÉVELOPPÉES PAR L'EXPLOSION EN VASE CLOS D'UN MÉLANGE A 10 % DE GAZ DE VILLE, EN SUPPOSANT TOUTE PERTE A LA PAROI ÉVITÉE. (Fig. 16).

Cette courbe qui a été relevée dans une revue peut se représenter en grande partie par une équation ayant la même forme que celle que nous avons trouvée pour les plantes.

Si au lieu de la pression absolue, nous considérons la pression relative et si nous exprimons les temps en centièmes de seconde, on trouve que la marche du phénomène peut être représentée par l'équation :

$$y = 7 \frac{\overline{1,431}^{\,x}}{\overline{1,431}^{\,x} + 1}$$

en prenant pour origine des coordonnées le point correspondant à $t = 12{,}5$.

Considérons, par analogie avec ce que nous avons conclu pour les plantes, la transformée de cette équation en envisageant l'expression :

$$\frac{dy}{y\ dx}$$

Dans la circonstance, désignons par p la pression et par t le temps, l'expression précédente s'écrira :

$$\frac{dp}{p\ dt}$$

Or, au lieu de considérer le phénomène comme se passant en vase clos, nous pouvons au contraire le traduire comme se passant dans un tube de section constante bouché à une extrémité, l'autre extrémité étant fermée par une paroi mobile se déplaçant sous l'action de la pression développée. Nous pouvons même supposer le tube ayant comme section l'unité de surface.

La transformation de la pression se fait en volume et si v est le volume sous la pression p, ces deux facteurs v et p sont reliés entre eux par la formule suivante :

$$p\ dv = v\ dp$$

ou

$$\frac{dp}{p} = \frac{dv}{v}$$

et l'expression devient :

$$\frac{dv}{v\ dt}$$

et comme nous avons supposé au tube une section égale à l'unité, si l désigne la longueur du tube au temps t, l'expression s'écrira :

$$\frac{dl}{l\ dt}$$

qui est absolument équivalente à celle que nous avons trouvée pour les plantes, la longueur y étant remplacée par l et le temps x par t.

Dans le cas présent, la paroi supposée mobile se déplace sous une pression constante de sorte que l'expression précédente est proportionnelle à chaque instant à l'énergie développée par l'unité de longueur c'est-à-dire de volume.

Comme on a toujours :

$$\frac{dy}{y\ dx} = \frac{7 - y}{7}\ \frac{\log 1{,}431}{\log e}$$

On en conclut comme dans les cas précédents que à chaque instant la puissance de transformation de la pression est proportionnelle à ce qui manque à cette pression pour atteindre le maximum de sa valeur.

Il est intéressant de constater une pareille analogie entre deux phénomènes qui paraissent à première vue très dissemblables.

C. — CYCLES D'AIMANTATION

Nous retrouvons encore ici, fig. 17 la forme de courbe représentant le développement de la plante.

En effet, partons de la forme ordinaire de ces cycles, c'est-à-dire les valeurs du champ magnétique étant portées en ordonnées, et faisons abstraction de l'hystérésis et de la longueur des abscisses représentant les valeurs du champ coercitif. Ceci revient à déplacer parallèlement à elle-même la courbe C D en A D' afin de la situer dans le prolongement de A B. Nous reconstituons ainsi une courbe B A D' symétrique par rapport à A et dont la forme est sensiblement représentée par une équation de même nature que celle que nous avons trouvée.

Nous donnons comme exemples les trois courbes des graphiques n°s 18, 19 et 20.

Les fig. n°s 18 et 19 ont été relevées dans un article publié dans la *Revue Générale d'Electricité.* Comme les mesures n'étaient pas suffisamment détaillées sur ces fig. et qu'il ne s'agit ici que de trouver la forme des équations des courbes, nous avons déterminé arbitrairement des coordonnées au moyen d'un quadrillage assez serré pour pouvoir faire les vérifications nécessaires avec assez de précision.

La courbe de la fig. 18 est relative à un acier recuit.

La courbe de la fig. 19 correspond à un acier trempé.

La première a pour équation :

$$y = 90 \frac{\overline{1,1295}^{x}}{\overline{1,1295}^{x} + 1}$$

et la seconde :

$$y = 60 \frac{\overline{1,0895}^{x}}{\overline{1,0895}^{x} + 1}$$

La fig. 20 est celle d'un oscillogramme qui représente un cycle d'hystérésis obtenu au moyen d'un oscillographe à rayons cathodiques à basse tension.

Cet oscillogramme est donné dans un article de la *Revue Générale d'Electricité* du 8 septembre 1923.

Comme pour les cycles précédents, nous avons déterminé arbitrairement des coordonnées par un quadrillage permettant de définir les points de la courbe.

L'équation de cette courbe est très sensiblement égale à :

$$y = 120 \frac{\overline{1,044}^{\,x}}{\overline{1,044}^{\,x} + 1}$$

Comme les précédentes cette équation affecte encore la même forme que celles que nous avons trouvées pour les plantes.

Nous avons porté sur ces courbes expérimentales, et en caractères spéciaux, un certain nombre de points dont les coordonnées ont été calculées d'après les formules mathématiques. La concordance nous paraît aussi complète que possible.

Nous ne nous proposons pas d'interpréter ces courbes d'un point de vue théorique concernant l'aimantation.

Nous remarquerons simplement que sans nous préoccuper du point A correspondant au zéro, nous avons affaire à quelque chose de semblable aux phénomènes que nous avons déjà étudiés.

Le point D' correspond à un point limite particulier à l'objet considéré qui marque le début d'une absorption ou d'une orientation spéciale intérieure donnant naissance à un phénomène extérieur dont on évalue la valeur au moyen d'un étalon dont le O correspond au point A.

Le champ complet dans lequel se développe le phénomène de l'aimantation correspond à la courbe D' A B. Le point D' fixe en réalité le point de départ, c'est-à-dire le zéro, le point A un point neutre pour l'unité de mesure et le point B le point de saturation. On peut d'ailleurs remarquer que dans cette sorte de phénomène, il y a réciprocité entre les points extrêmes D' et B.

Envisagée de ce point de vue, l'aimantation, apparaît en fonction d'un champ magnétique variable comme l'analogue d'une chose qui s'introduirait à l'intérieur du corps considéré qui aurait ainsi la faculté particulière d'avoir une puissance d'absorption nouvelle toujours proportionnelle à ce qui lui manque pour qu'il en soit saturé.

Il se passerait là un phénomène analogue à une self-attraction d'autant plus grande que le corps est plus loin d'être saturé. Le corps lui-même ne serait qu'un véhicule dans lequel s'introduit la substance dont nous parlons.

Si on assimile H à une substance absorbée et transformée sous la forme J l'analogie est très grande avec le cas précédent. Le gradient de J est égal à $\frac{dJ}{dH}$ et la puissance de retenue de chaque élément de J est proportionnelle à $\frac{dJ}{J\,dH}$. Nous savons que cette expression est proportionnelle à chaque instant à ce qui manque en intensité d'aimantation pour que l'acier soit saturé.

D. — DIAGRAMME CO^2 — CO — C DE BOUDOUARD

Nous l'avons pris dans la *Revue de Métallurgie,* d'Octobre 1924.

A température constante, il n'existe pour chaque température qu'un seul mélange stable des gaz CO^2 et CO en contact prolongé avec du Carbone libre.

La représentation du phénomène est dans le diagramme CO^2 — CO — C, de la fig. 21 pour des températures comprises entre 400 et 1000°C et à 760 m/m.

A 1000° CO^2 au contact de C se décompose intégralement en CO.

A 400° le CO se dissocie complètement en CO^2 et C.

Entre 400 et 1000° il existe pour chaque température un seul mélange stable de CO et CO^2.

Cette courbe qui est semblable aux précédentes a pour équation :

$$y = 100 \frac{\overline{1{,}01475}^{\,x}}{\overline{(1{,}01475)}^{\,x} + 1}$$

L'origine étant à 672°.

La conclusion est encore la même, à chaque température la facilité de la réaction est proportionnelle à ce qui lui manque pour qu'elle soit complète. Dans le cas présent il y a réversibilité du phénomène suivant qu'on envisage des températures ascendantes ou descendantes.

E. — ETUDE DE LA SURSATURATION

Nous trouvons une contribution à cette étude dans un Compte-rendu de l'Académie des Sciences, séance du 9 Juillet 1923.

D'après cette note, nous donnons ci-après les deux tableaux contenant en fonction du temps, les poids cristallisés dans des solutions de bitartrate de potasse de concentrations différentes.

A la température de 15°, une série de mesures a donné les résultats suivants :

Temps en secondes	Poids cristallisés
30	8,02 %
60	17,34 %
90	50,87 %
120	82,08 %
180	94,80 %
240	97,50 %
300	99,71 %
600	100,00 %

60	9,01 %
90	15,24 %
120	45,02 %
150	60,10 %
180	80,10 %
210	88,82 %
330	94,77 %
600	100,00 %

Les courbes des fig. 22 et 23 sont représentées approximativement par les équations :

Fig. 22 — $$y = 100\,\frac{\dfrac{\overline{\qquad}^{\,x}}{1{,}047}}{\dfrac{\overline{\qquad}^{\,x}}{1{,}047}}$$

Fig. 23 — $$y = 100\,\frac{\dfrac{\overline{\qquad}^{\,x}}{1{,}304}}{\dfrac{\overline{\qquad}^{\,x}}{1{,}304}}$$

La correspondance entre ces courbes théoriques et les courbes expérimentales n'est pas parfaite, mais il faut tenir compte que les courbes expérimentales sont établies du temps O à un temps de 600'' tandis que les courbes théoriques envisagent le temps de $-\infty$ à $+\infty$ De plus, il peut y avoir des causes secondaires telles que des questions de viscosité qui viennent modifier l'allure du phénomène.

Quoiqu'il en soit, ce qui est à retenir, c'est la forme en S de ces courbes et leur similitude avec les courbes précédentes.

Il est donc fort probable que comme pour les phénomènes précédents, on peut dire que la propension à la cristallisation est proportionnelle à ce qui reste à cristalliser pour que la cristallisation soit complète.

F. — CRISTALLISATION DES LIQUIDES SURFONDUS.

Nous trouvons une étude de cette cristallisation dans le *Bulletin de la Société Chimique de France,* de Février 1924.

La fig. 24 représente la vitesse de cristallisation de l'iodure mercurique jaune en surfusion cristalline, en fonction de la température.

La fig. 25 qui est extraite de cet article représente en fonction de la température et du volume du liquide la loi de la formation des germes dans un liquide surfondu. Les trois courbes qui se rapportent à la numération des germes cristallins dans le pipérin ont été étudiées par Tammann.

Les lois qui régissent ces deux phénomènes sont assez comparables, ainsi qu'il résulte de la forme des courbes.

Or, soit θ la température et C le poids d'un cristal type à la température θ. Si on admet que la température varie comme le temps et proportionnellement, on peut former une courbe dans laquelle les températures étant portées en abscisses et les poids du cristal en ordonnées, la vitesse de cristallisation est proportionnelle à $\frac{dc}{d\theta}$ qui est un gradient d'accroissement.

Cette remarque permet de donner une interprétation à la courbe de la fig. 24 qui donne la vitesse de cristallisation d'un liquide surfondu.

On peut voir que l'équation de la courbe est de la forme :

$$v = k \frac{a\theta}{(a\theta + 1)^2} \frac{dc}{d\theta}$$

Nous savons que cette équation est la transformée de la suivante :

$$C = H \cdot \frac{a\theta}{a\theta + 1}$$

H étant égal à la grosseur maxima prise par le cristal lorsque la température s'abaisse indéfiniment.

Nous retrouvons avec cette équation la propriété suivante :

La puissance d'accroissement du cristal d'un liquide surfondu est à chaque instant proportionnelle à ce qui lui manque pour atteindre son volume maximum.

En l'absence de chiffres et pour étudier la courbe de la fig. 24, nous avons établi comme dans les cas précédents, un quadrillage permettant de déterminer des coordonnées.

Après calculs, nous trouvons que cette courbe est la transformée d'une autre qui aurait pour équation :

$$y = 7.080 \frac{\overline{1{,}070}^{\,x}}{\overline{1{,}070}^{\,x} + 1}$$

C'est-à-dire qu'on retrouve bien la forme canonique déjà considérée.

Les courbes de la fig. 25 qui représentent la formation des germes dans un liquide surfondu bien que moins régulières que la précédente, ont la même formule générale et répondent chacune à une équation du même genre.

Comme pour la question précédente, on en déduirait que : La puissance de formation des germes dans un liquide surfondu est à chaque instant proportionnelle au nombre de germes qui manquent pour atteindre le maximum compatible avec la masse du liquide surfondu.

G. — CAS PARTICULIERS

I. — Considérons le travail de compression à effectuer pour amener le volume v_2 d'une molécule gramme d'un gaz à un volume égal à v_1. Soit T la température absolue que nous supposerons constante et A le travail à effectuer, nous aurons :

$$A = \int_{v_1}^{v_2} p \, dv$$

et comme $p\,v = R\,T$.

$$\text{on a} \quad A = R\,T \int_{v_1}^{v_2} \frac{dv}{v} = R\,T\,\text{Lg.}\,\frac{v_2}{v_1}$$

$$\text{ou encore :} \quad e^{\frac{A}{RT}} = \frac{v_2}{v_1}$$

d'où
$$\frac{e^{\frac{A}{RT}}}{1 + e^{\frac{A}{RT}}} = \frac{v_2}{v_1 + v_2}$$

Or prenons pour origine de A, la valeur qui pour A = o donne v = V et supposons que les valeurs v1 et v2 sont telles que v1 + v2 = 2 V

on aura :
$$\frac{e^{\frac{A}{RT}}}{1 + e^{\frac{A}{RT}}} = \frac{v_2}{2\ V_1}$$

Et si, pour rendre la formule générale, nous remplaçons v2 par v comme v2 peut aussi bien être remplacé par v1 le travail A envisagé devra être représenté par 2 A, c'est-à-dire qu'on aura :

$$\frac{e^{\frac{2A}{RT}}}{e^{\frac{2A}{RT}} + 1} = \frac{v}{2V}$$

d'où
$$v = 2\ V\ \frac{e^{\frac{2A}{RT}}}{e^{\frac{2A}{RT}} + 1}$$

Cette équation signifie que si nous considérons une masse gazeuse en équilibre de volume égal à V et au repos, les doubles variations de volume de cette masse sont reliées au travail nécessité pour produire ces variations soit pour augmenter le volume soit pour le diminuer par une relation égale à :

$$v = 2\ V\ \frac{e^{\frac{2A}{RT}}}{e^{\frac{2A}{RT1}} + 1} = 2\ V\ \frac{a^A}{a^A + 1} \text{ en posant } a = e^{\frac{2}{RT}}$$

On retrouve ainsi une formule de forme identique aux précédentes.

Or, en partant de l'équation identique

$$y = h\ \frac{a^x}{a^x + 1}$$

Nous avons déduit :

$$\frac{dv}{v\,dx} = \frac{h - v}{h} L \,.\, a$$

En remplaçant les lettres par leurs correspondantes, on aurait :

$$\frac{dv}{v.\,dA} = \frac{2V - v}{2V} L.\ e^{\frac{2}{RT}}$$

et comme à la limite v = V

on a : $$\frac{dv}{v\,dA} = \frac{1}{2} \cdot \frac{2}{RT} = \frac{1}{RT}\,.$$

On aurait pu trouver directement cette expression en partant de la formule

$$A = R\,T \int \frac{dv}{v}$$

qui donne en différentiant :

$$\frac{dv}{v\ d\ A} = \frac{1}{RT}$$

Mais nous avons fait cet assez long détour précédent pour montrer l'analogie qui existe dans les phénomènes considérés.

II. — L'aptitude à la transformation ou à la progression que nous avons trouvé pouvoir être représentée par l'expression

$$\text{aptitude} = \frac{h - y}{h} \cdot \frac{\log a}{\log e}$$

présente un cas particulier. C'est celui où le facteur h peut prendre une valeur démesurément grande par rapport aux valeurs de y qui sont déterminées expérimentalement.

Dans ce cas, on remarque que la formule précédente qui peut s'écrire :

$$\text{aptitude} = \frac{1 - \frac{y}{h}}{1} \cdot \frac{\log a}{\log e}$$

prend une valeur sensiblement égale à $\frac{\log a}{\log e}$.

L'aptitude à la transformation, dans ce cas particulier a une valeur sensiblement constante.

On a alors :

$$\frac{dy}{y\ dx} = L\ .\ a$$

$$\frac{dy}{y} = dx\ L\ a$$

$$\text{d'où} \quad y = a^x$$

C'est-à-dire que la partie de la courbe qui est seule accessible dans ce cas particulier, se confond assez sensiblement avec la courbe exponentielle ci-dessus. Elle est même identiquement confondue avec elle lorsque la valeur de H s'accroît indéfiniment.

III. — Il peut arriver que lorsque le phénomène considéré ne réside qu'en lui-même, l'aptitude à la variation ne se traduise que par une constatation de fait qui place l'allure du phénomène sous la dépendance d'un nombre variable ou d'une situation dans l'espace.

Nous trouvons l'application de ce cas particulier dans la loi de décroissance de la pression p de l'atmosphère en fonction de la hauteur au-dessus du niveau de la mer.

Si p est, en effet, la pression à la hauteur Z et w le poids spécifique de l'air à cette altitude, on a :

$$dp = -\ w\ dz$$

$$\text{d'où} \quad \frac{dp}{dz} = -\ w$$

Soit P la pression à l'altitude O, on a :

$$w = \frac{p}{P}\ k$$

$$\text{d'où} \quad \frac{dp}{dz} = -\ \frac{p}{P}\ K$$

P et k étant des constantes, on voit que la formule traduit un phénomène qu'on peut définir ainsi. Lorsqu'on s'élève en hauteur, la vitesse de transformation de la pression est, à chaque instant, proportionnelle à ce qui reste de cette pression pour arriver au zéro.

C'est la forme donnée au premierénoncé de notre loi.

Considérons maintenant dz comme une grandeur élémentaire mais constante en chaque point de l'espace, le rapport $\frac{dp}{dz}$ prend la signification d'un gradient dont la valeur dépend de p, et comme la formule peut s'écrire

$$\frac{1}{p}\ .\ \frac{dp}{dz} = -\ \frac{k}{P}\ ,$$

on voit qu'en chaque point de l'espace, le gradient de pression, évalué en fonction de la hauteur barométrique en ce point est constant.

C'est la deuxième forme d'énoncé que nous avons trouvée.

IV. — Nous citerons encore comme une loi soumise au principe énoncé, la loi de désintégration des substances radioactives.

Si N est le nombre d'atomes restant dans un corps radio-actif à un instant t, le nombre d'atomes qui se détruisent dans l'unité de temps est donné par la formule.

$$\frac{dN}{dt} = - \lambda N$$

Cette formule expérimentale s'exprime en se conformant à notre principe :

A chaque instant, la rapidité de la transformation est proportionnelle à ce qui manque à cette transformation pour qu'elle soit complète.

Mais on peut aussi écrire cette formule

$$\frac{dN}{N\,dt} = - \lambda$$

Et l'énoncé précédent prend la forme suivante : La puissance instantanée représentée par la désintégration d'un même nombre d'atômes est constante.

Nous avons choisi tous ces cas variés aussi bien dans leur forme que dans leur objet, pour montrer que, malgré la diversité des phénomènes envisagés, il semble bien qu'on retrouve pour tous la même loi de transformation qui peut s'énoncer de la façon suivante :

Toutes les fois qu'un fait se traduit par un phénomène qui varie en tendant, sous l'action des mêmes causes, vers une limite définie, ce quelque chose qu'on peut appeler l'aptitude à la transformation est, à chaque instant, proportionnelle à ce qui manque à ce phénomène pour que la transformation soit achevée.

Quatrième Série de Mesures

Revenant sur l'étude antérieure concernant le développement d'un organe de plante, nous pouvons nous poser la question suivante : Dans le cas où l'organisme envisagé, par suite de circonstances défavorables, n'est pas dans son état normal et, par suite, est resté stationnaire ou s'est anémié, quelle sera sa réaction si on l'introduit dans un milieu favorable.

Nous avons déjà vu, avec les plantes, l'influence des perturbations atmosphériques et nous avons constaté que, celles-ci passées et le temps redevenant meilleur, la croissance reprend immédiatement son cours normal.

Nous allons compléter cette remarque par d'autres observations faites dans un milieu et dans des conditions très différentes, ayant un caractère plus précis et plus général.

Ces observations portent sur l'examen que nous avons fait des variations de poids constatées sur des enfants plutôt déprimés, habitant des cités industrielles et qui ont été envoyés à la campagne pour y séjourner.

Nous avons suivi ces variations de poids pendant plusieurs années sur environ 2.000 enfants des deux sexes ayant profité d'un séjour de six semaines sur les plateaux de la Haute-Loire.

Parmi les constatations faites, toutes du plus grand intérêt, nous retiendrons pour la question qui nous occupe, les valeurs trouvées pour le pourcentage de l'augmentation du poids des enfants, en prenant pour base le poids au départ et en classant les enfants d'après leur sexe et leur âge.

Les moyennes que nous avons trouvées sont contenues dans les tableaux N° 9 et N° 10 suivants :

TABLEAU N° 9 (Garçons)

POIDS au DÉPART Kgs	Moyennes des augmentations de poids pour 100 kgs			POIDS au DÉPART Kgs	Moyennes des augmentations de poids pour 100 kgs		
	Enfants de 4 à 7 ans	Enfants de 8 à 10 ans	Enfants de 11 à 13 ans		Enfants de 4 à 7 ans	Enfants de 8 à 10 ans	Enfants de 11 à 13 ans
13	19,76			27		6,40	7,35
14	11,13			28		6.51	8,71
15	10,22			29		5,37	6,89
16	11,85	12,50		30		«	5,33
17	8,70	10,00		31		4,83	9,10
18	9,49	15,18		32			7,69
19	6,94	13,39		33			7,14
20	9,28	9,90	9,30	34			3,97
21	7,61	8,75	«	35			«
22	6,45	8,37	«	36			3,52
23	6,30	7,50	8,04	37			1,08
24	6,04	7,93	9,58	38			5,31
25		7,56	9,21	39			3,84
26		6,93	9,15				

Augmentation pour 100 kgs de poids au départ

TABLEAU N° 10 (Filles)

POIDS au DÉPART Kgs	Moyennes des augmentations de poids pour 100 kgs			POIDS au DÉPART Kgs	Moyennes des augmentations de poids pour 100 kgs		
	Enfants de 4 à 7 ans	Enfants de 8 à 9 ans	Enfants de 10 à 13 ans		Enfants de 4 à 7 ans	Enfants de 7 à 9 ans	Enfants de 10 à 13 ans
11	18,45			26		6,28	9,80
12	24,58			27		5,55	9,14
13	12,19			28		3,57	9,35
14	12,67			29			8,67
15	14,13			30			8,58
16	9,16	7,81		31			9,96
17	10,02	17,17		32			7,80
18	11,33	12,69		33			10,19
19	8,84	9,98	18,42	34			«
20	6,50	9,92	14,25	35			8,92
21	«	10,66	11,23	36			»
22	5,45	11,88	12,15	37			8,10
23		9,12	11,49	38			«
24		6,63	10,35	39			«
25		7,06	14,34	40			6,25

Augmentation pour 100 kgs de poids au départ.

Ces tableaux ont été traduits dans les graphiques N°s 26 et 27.

Ces graphiques, malgré leur défaut de continuité, sont néanmoins très explicites. Ils démontrent indéniablement que, d'une façon générale, à égalité d'âge, le pourcentage de l'augmentation est d'autant plus considérable que le poids au départ était plus faible, et, par ailleurs, qu'à égalité de poids au départ, le pourcentage de l'acquisition est d'autant plus élevé que l'enfant était plus âgé.

Il nous semble que c'est la mise en évidence de la proposition suivante : La réaction de l'organisme est d'autant plus violente et son aptitude à la transformation d'autant plus grande que cet organisme était plus déprimé et s'éloignait davantage de sa constitution normale. Autrement dit, ce sont les organismes les plus arriérés qui ont le plus réagi pour se mettre au niveau de leur normale en passant d'un milieu défavorable en un milieu favorable.

Ces observations tendent encore à prouver qu'il existe pour chaque cas une constitution normale ayant probablement les caractères non pas d'une moyenne, mais d'une limite correspondant au cas le plus favorable. Tous les cas possibles tendent vers ce cas limite et y tendent avec d'autant plus d'intensité qu'ils en sont plus éloignés.

Ces résultats complètent, en tous cas, ceux que nous avions précédemment trouvés. Jusqu'à ce moment, nous avions vu que l'intensité de la transformation était proportionnelle à ce qui manque à un organisme pour qu'il atteigne son développement définitif. Maintenant, nous venons de constater qu'à chaque stade de ce développement doit correspondre une normale et que l'aptitude à la transformation est d'autant plus grande que l'organisme est plus éloigné du développement normal correspondant à ce stade.

Cette double constatation montre que la loi que nous avons énoncée est encore plus rigoureuse dans sa régularité que nous n'aurions pu le supposer et qu'elle présente tous les caractères d'une loi générale.

Conclusions Indirectes

Considérant l'ensemble des questions que nous venons d'examiner, nous pouvons peut-être conclure que chaque être physique porte en soi les éléments d'un devenir suivant un mode de développement régulier qui paraît bien défini à l'origine. Dès que la mise en action est déclanchée, la vie suit son cours et l'organisme progresse conformément à la loi que nous avons énoncée, qui est que son aptitude à se transformer est à chaque instant proportionnelle à ce qui lui manque pour atteindre son développement normal.

L'organisme est prédestiné à vivre et à évoluer dans un milieu déterminé. Suivant la grandeur et le sens des variations présentées par ce milieu, le sujet se développe avec plus ou moins de facilité et l'on comprend ainsi que dès qu'un écart se produit dans l'ambiance, il en résulte une perturbation sur l'organisme.

Si cet écart est dans un sens défavorable au développement du sujet, celui-ci reste stationnaire, ou même dépérit. Dès que l'ambiance redevient normale, l'organisme réagit vigoureusement, pour rétablir l'équilibre en comblant le déficit. La réaction est d'autant plus intense que l'organisme était plus éloigné de la normale.

Cette loi paraît être d'ordre tout à fait général.

Débordant un peu le sujet primitivement envisagé, nous avons été amené à considérer l'évolution des choses, du moins du point de vue où nous les avons examinées, sous un jour tout spécial.

Si, en effet, l'aptitude aussi bien que l'intensité de la transformation ou développement du phénomène envisagé est maximum au début pour aller progressivement en décroissant, au fur et à mesure que l'évolution s'accomplit et que le sujet se rapproche de sa forme définitive, il doit en résulter, semble-t-il, que l'instabilité dans la forme et dans l'évolution est maximum dans la période de début et que cette instabilité, qui va en diminuant avec le temps, fait place, de plus en plus, à une stabilité qui domine vers la fin de l'évolution considérée.

Si cette façon de voir est exacte, il en résulterait que si des modifications du sujet doivent ou peuvent se former, en harmonie avec des variations dans l'ambiance, c'est surtout dans la période la plus proche du début que ces modifications ont le plus de chances de se produire. C'est dans cette première période que des types variés, ayant une souche commune, auront le plus de facilité de se former, en même temps qu'ils pourront également plus facilement disparaître si leur aptitude à la transformation est par trop défectueuse.

L'évolution, en même temps qu'elles est plus rapide et plus instable dès le début, est également plus divergente dans ses formes et aussi plus meurtrière.

Enfin, transposant encore cette manière de voir pour l'appliquer à l'ensemble de l'évolution envisagée dans sa conception la plus générale, on en concluerait que c'est surtout au début que la nature, évoluant rapidement, a donné naissance à un nombre considérable de formes à vie relativement instable, très aptes à la transformation, en même temps que sensibles à la disparition.

Avec le temps, cette faculté de transformation, qui va progressivement en diminuant, donne naissance à des types de plus en plus stables, formant, par conséquent, des groupes à formes bien définies qui acquièrent ainsi des caractères à peu près immuables.

C'est ainsi que, dans l'ensemble, le monde, ou des portions de monde, tendraient vers un état de stabilisation générale.

Nous arrêtons ici nos déductions qui paraissent peut-être un peu osées, étant donnée la modestie du point de départ. Nous avons surtout tenu à appeler l'attention sur le point suivant : Si la loi de la transformation que nous avons énoncée a un caractère général, c'est au début de la transformation que doivent et peuvent se faire les variations, que ce soit par le fait d'une ambiance naturelle ou d'une ambiance artificielle. Les modifications qui ont des chances de persister sont celles qui ont pris naissance dès le début du développement. Cette observation, si elle est juste, peut servir de base pour l'étude expérimentale des variations.

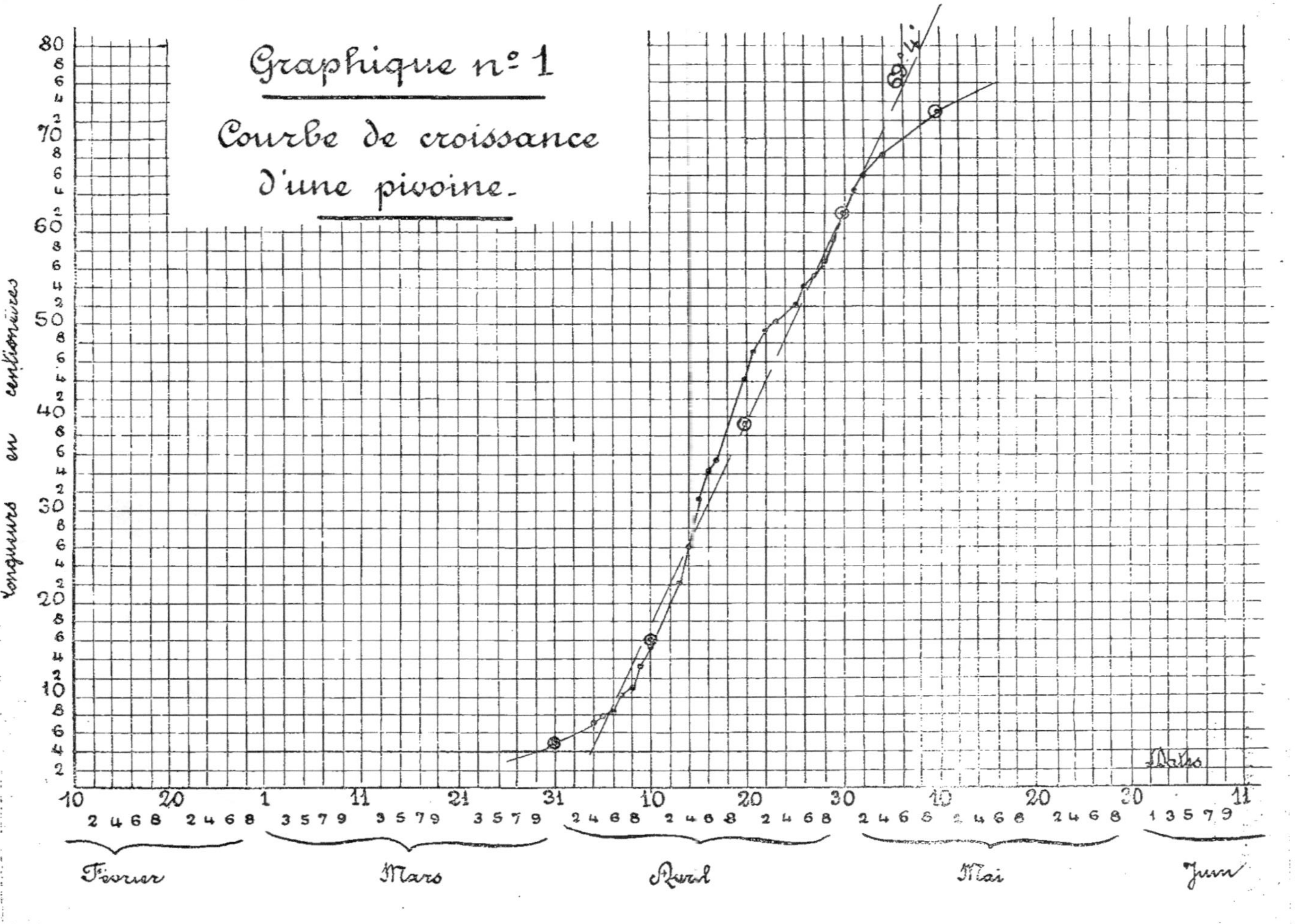

Graphique n° 1
Courbe de croissance d'une pivoine.
Longueurs en centimètres
Février
Mars
Avril
Mai
Juin

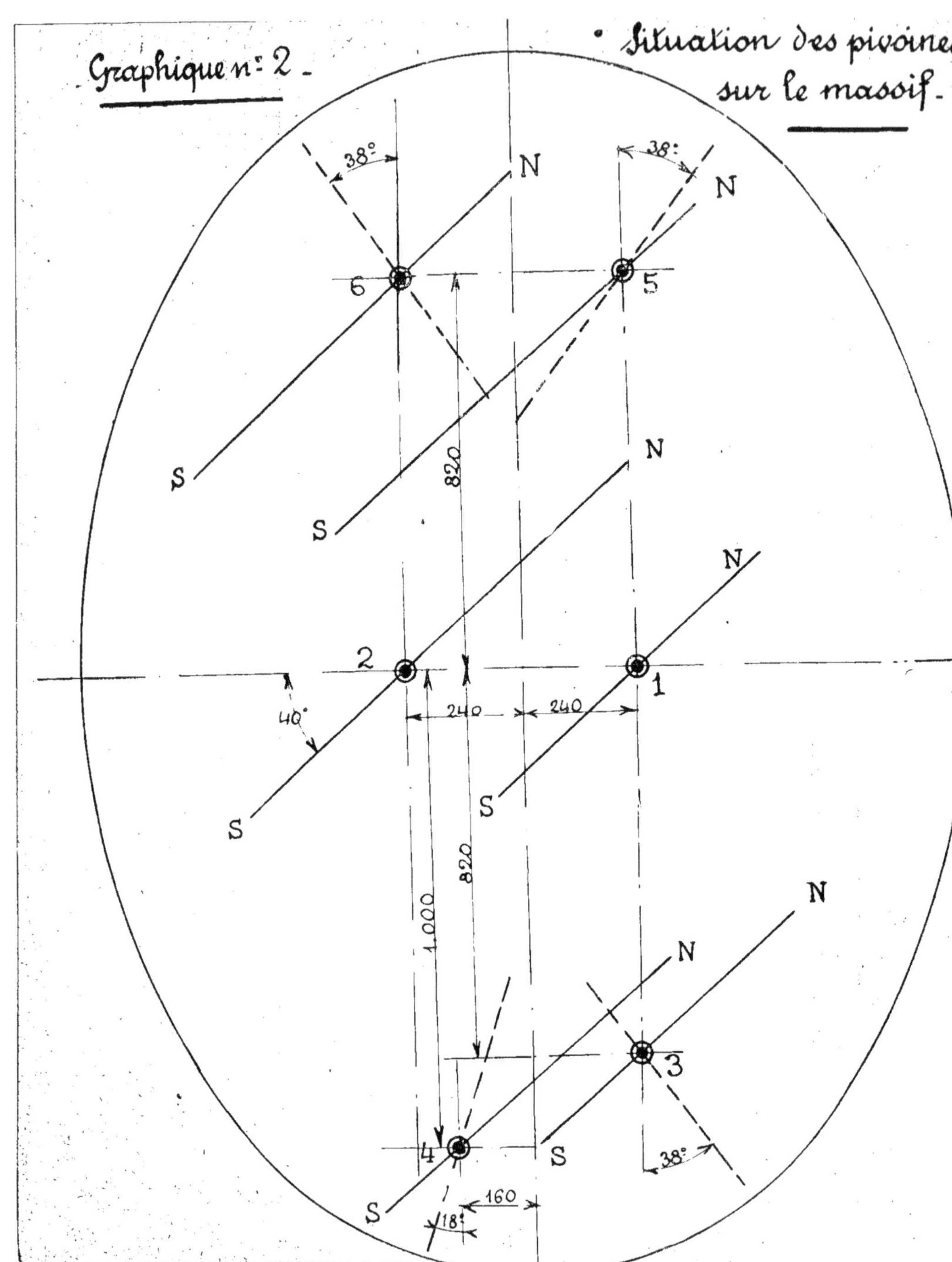

Graphique n° 2
Situation des pivoines sur le massif
38°
38°
N
N
N
N
N
N
S
S
S
S
S
S
1
2
3
4
5
6
820
820
1.000
240
240
40°
160
18°
38°

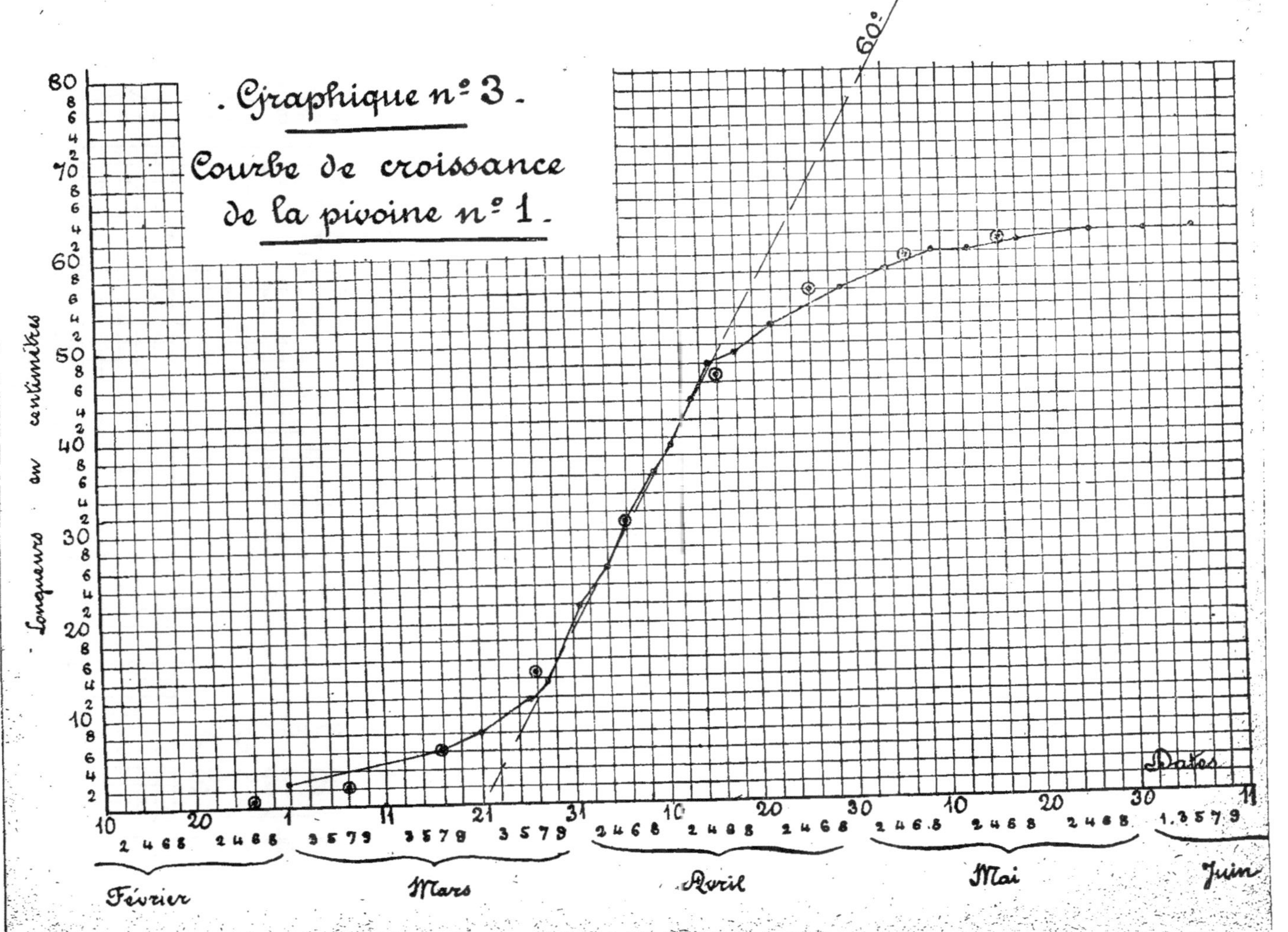

Graphique n° 3.
Courbe de croissance
de la pivoine n° 1.
Longueurs en centimètres
80
70
60
50
40
30
20
10
60°
Dates
Février
Mars
Avril
Mai
Juin

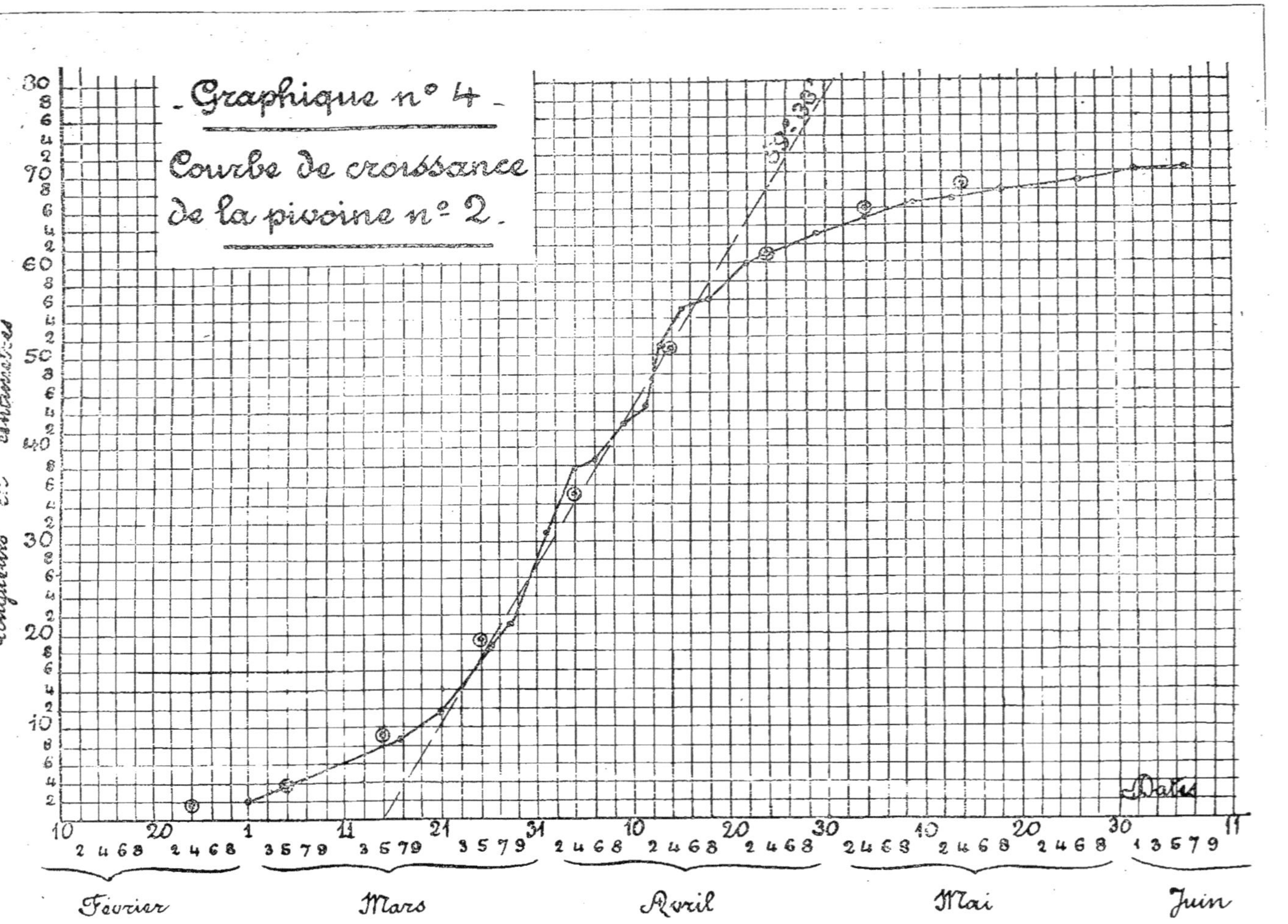
- Graphique n° 4 -
Courbe de croissance
de la pivoine n° 2.
Longueurs en centimètres
Dates
Février
Mars
Avril
Mai
Juin

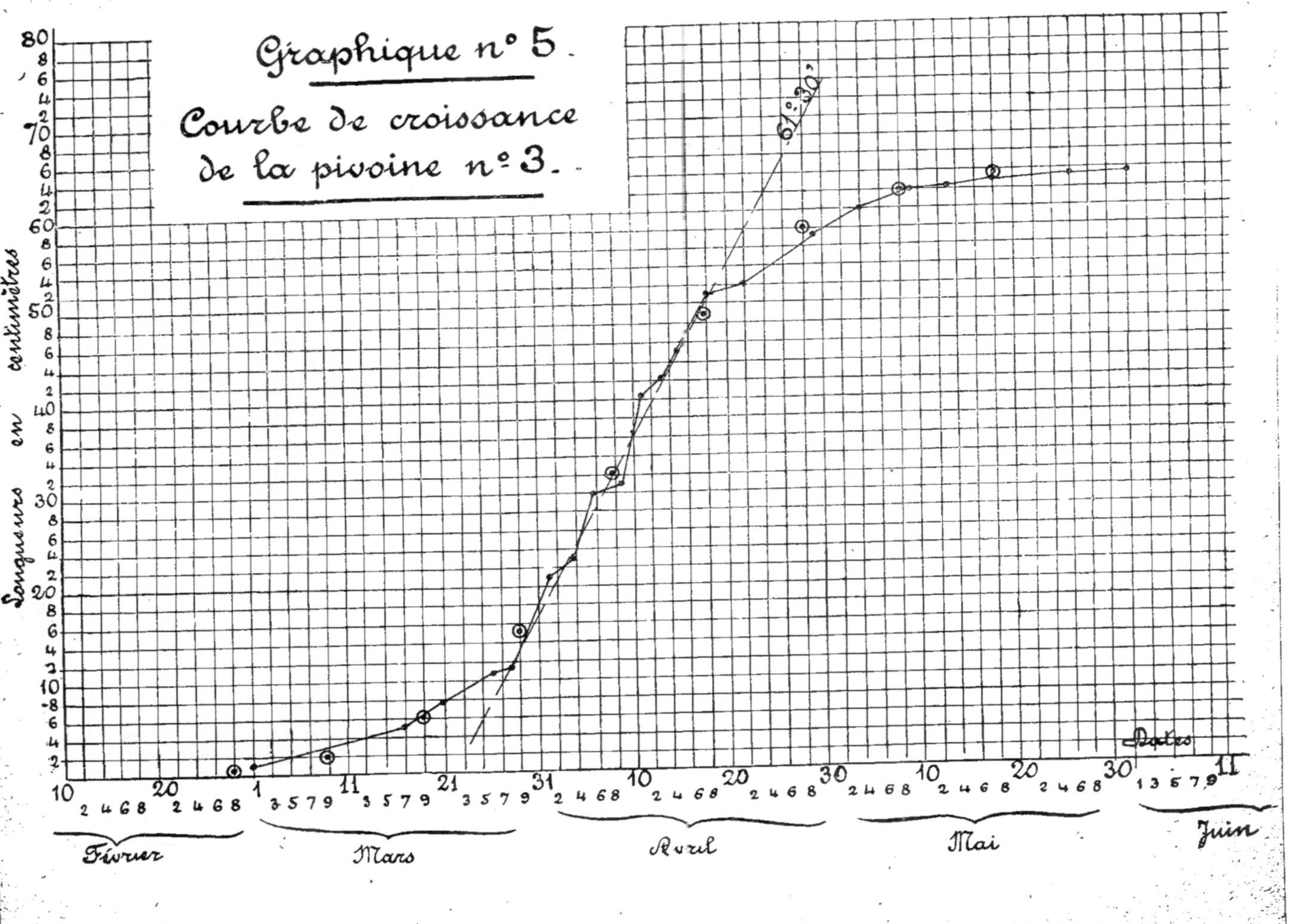
Graphique n° 5.
Courbe de croissance
de la pivoine n° 3.
Longueurs en centimètres
Dates
Février
Mars
Avril
Mai
Juin
61° 30'

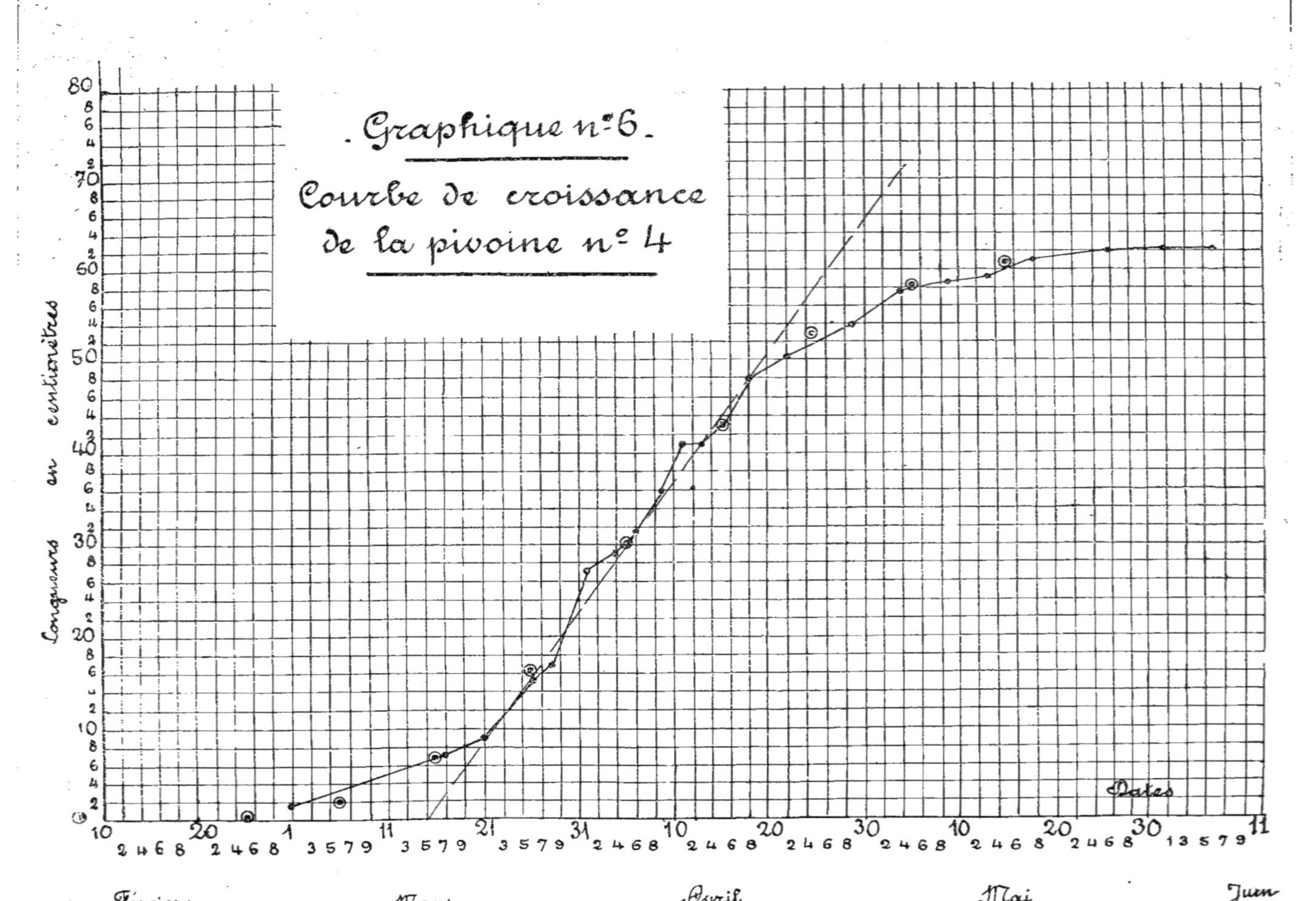

Graphique n° 6.
Courbe de croissance de la pivoine n° 4
Longueurs en centimètres
Dates
Février
Mars
Avril
Mai
Juin

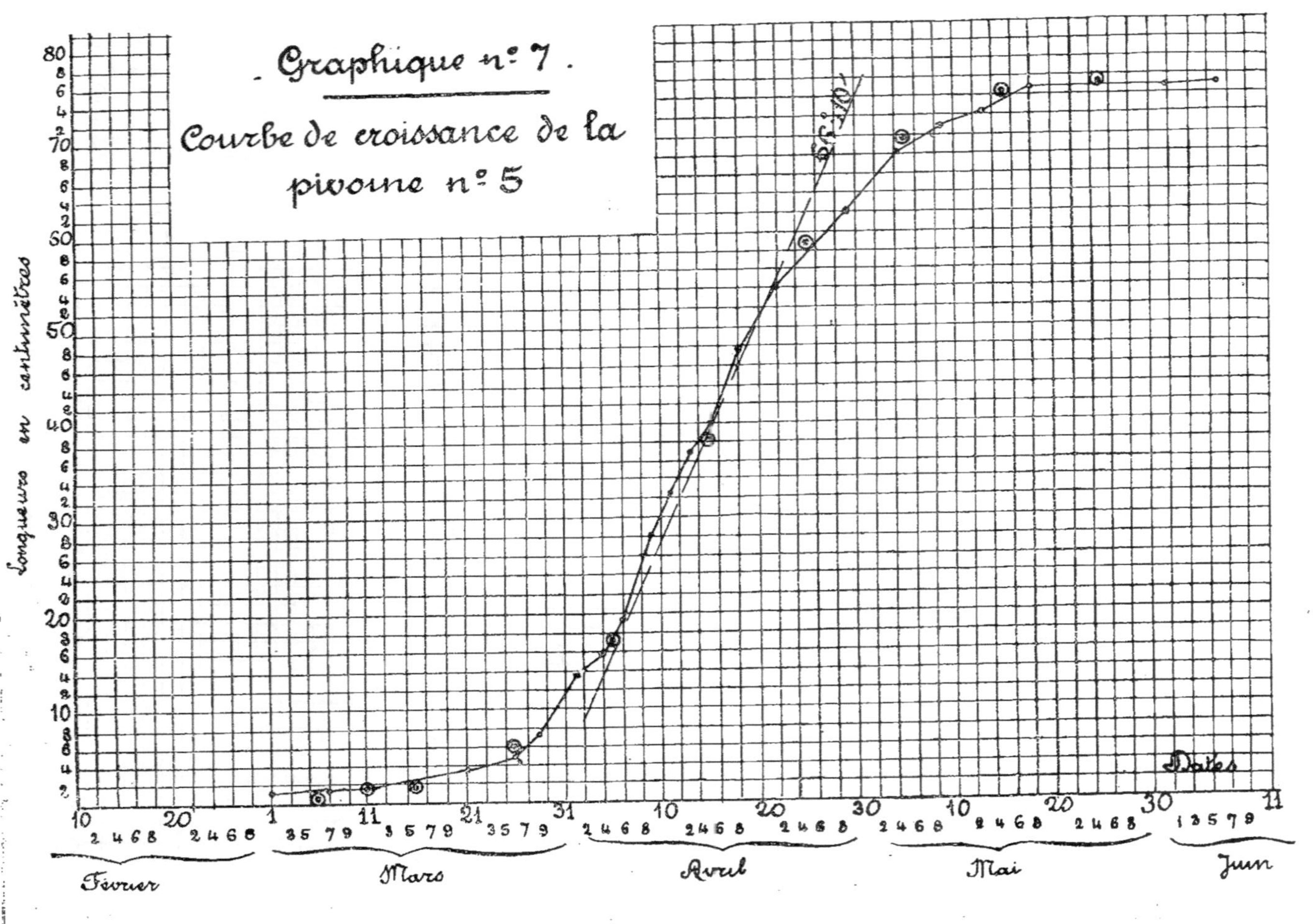

Graphique n° 7.
Courbe de croissance de la pivoine n° 5
Longueurs en centimètres
Dates
Février
Mars
Avril
Mai
Juin

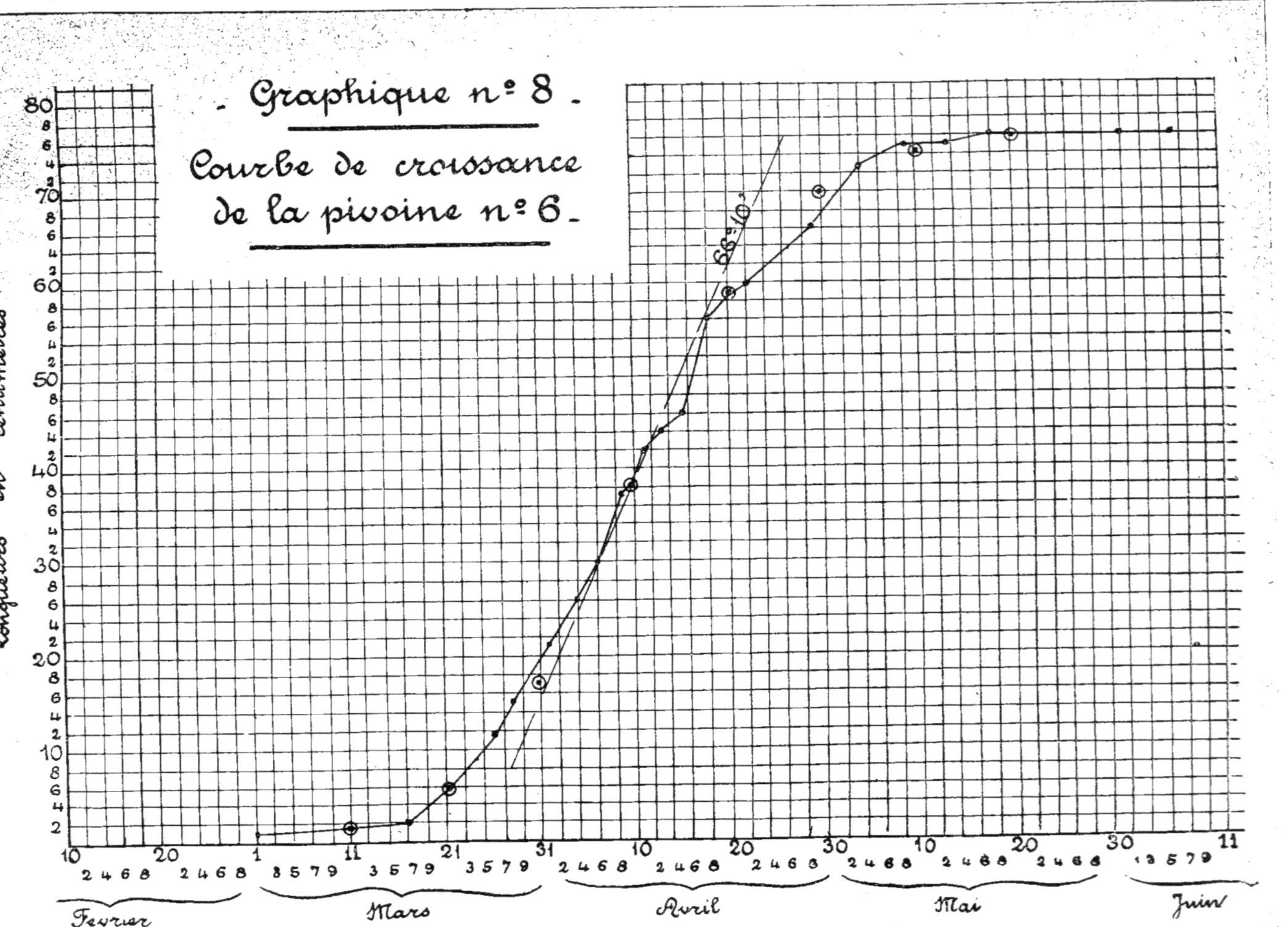

- Graphique n° 8 -
Courbe de croissance
de la pivoine n° 6 -
Longueurs en centimètres
66°10'
Février
Mars
Avril
Mai
Juin

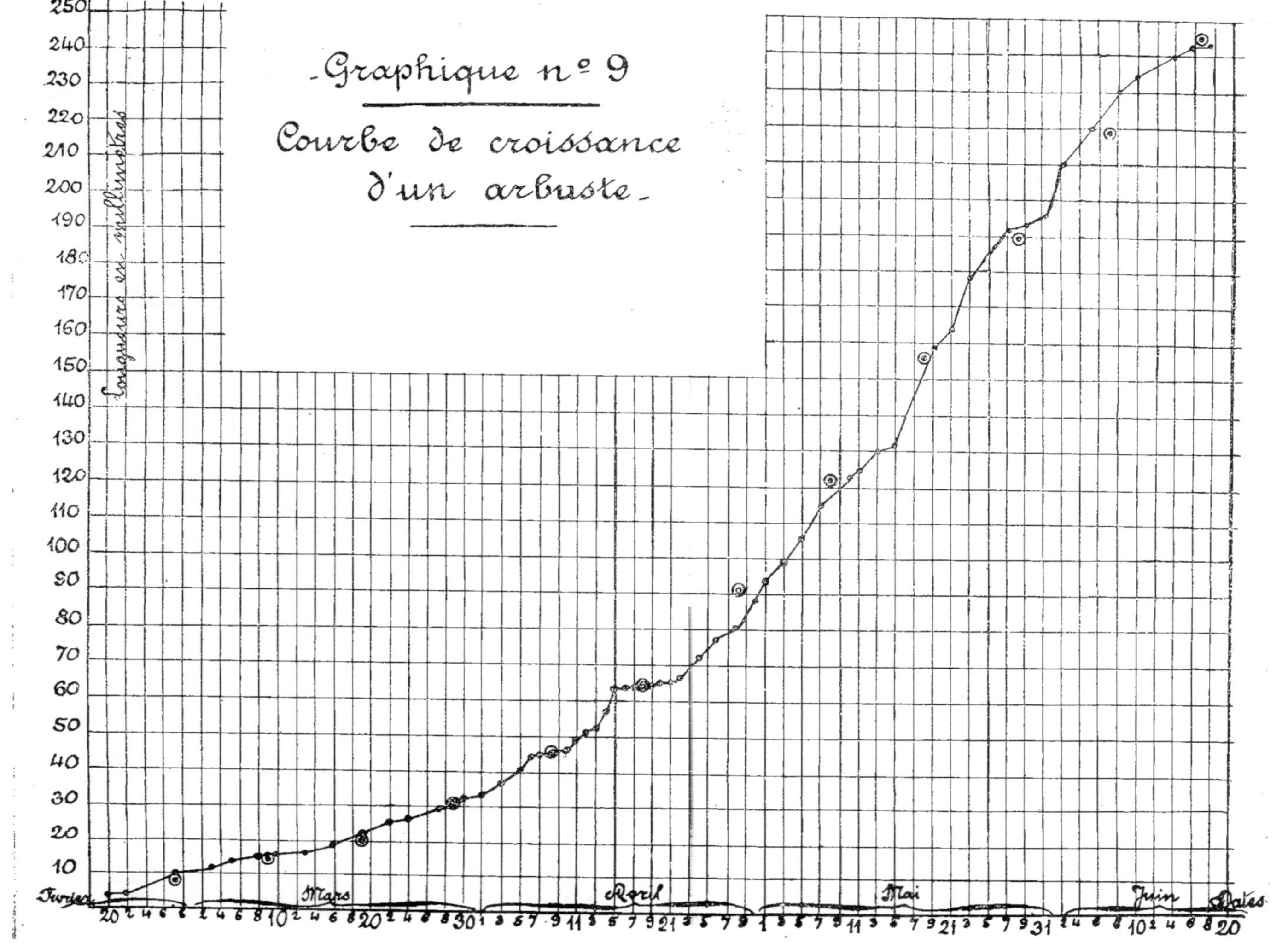
-Graphique n° 9
Courbe de croissance
d'un arbuste-
Longueurs en millimètres
250
240
230
220
210
200
190
180
170
160
150
140
130
120
110
100
90
80
70
60
50
40
30
20
10
Février
Mars
Avril
Mai
Juin
Dates

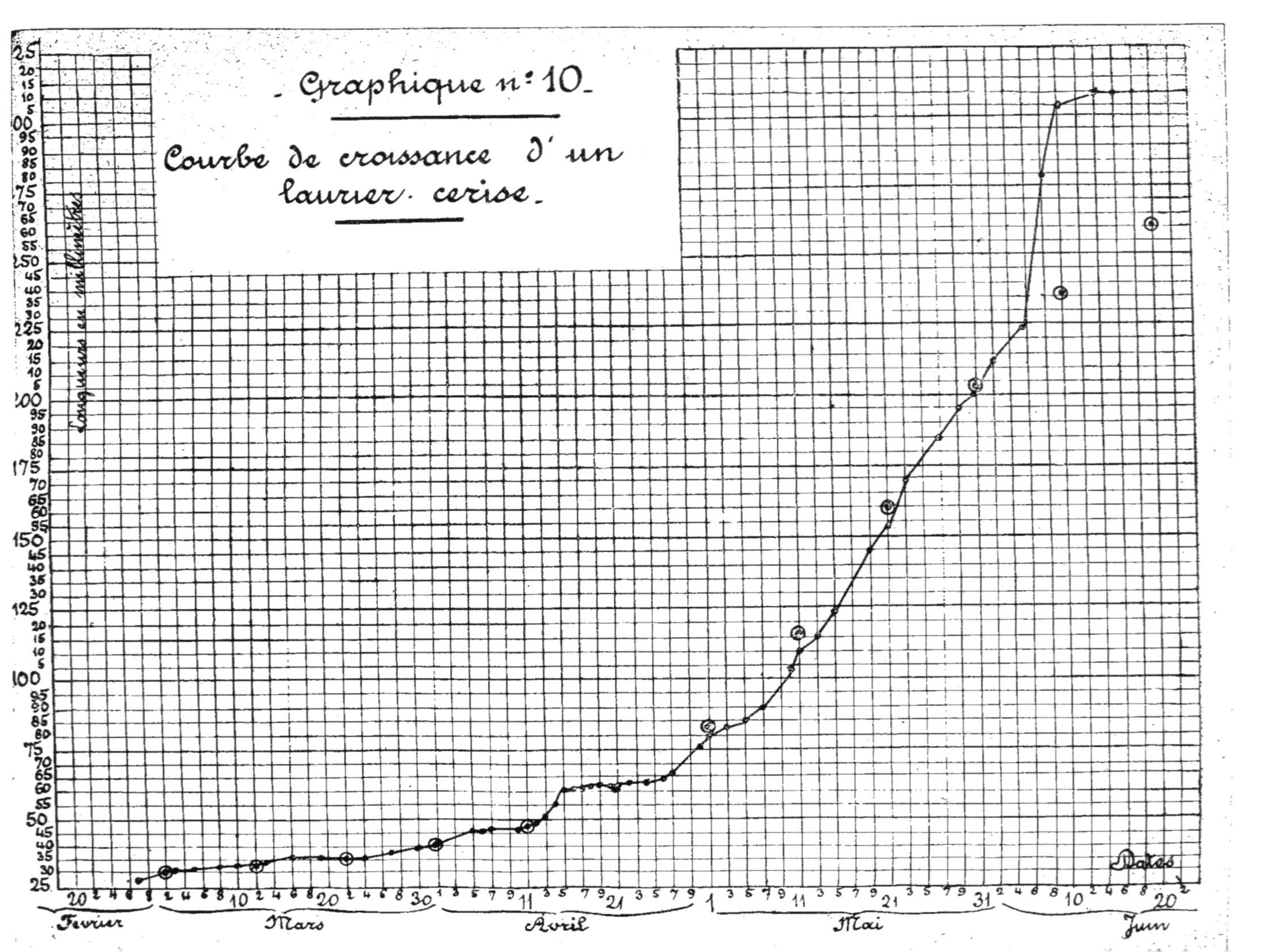

- Graphique n° 10 -
Courbe de croissance d'un laurier-cerise.
Longueurs en millimètres
Dates
Février
Mars
Avril
Mai
Juin

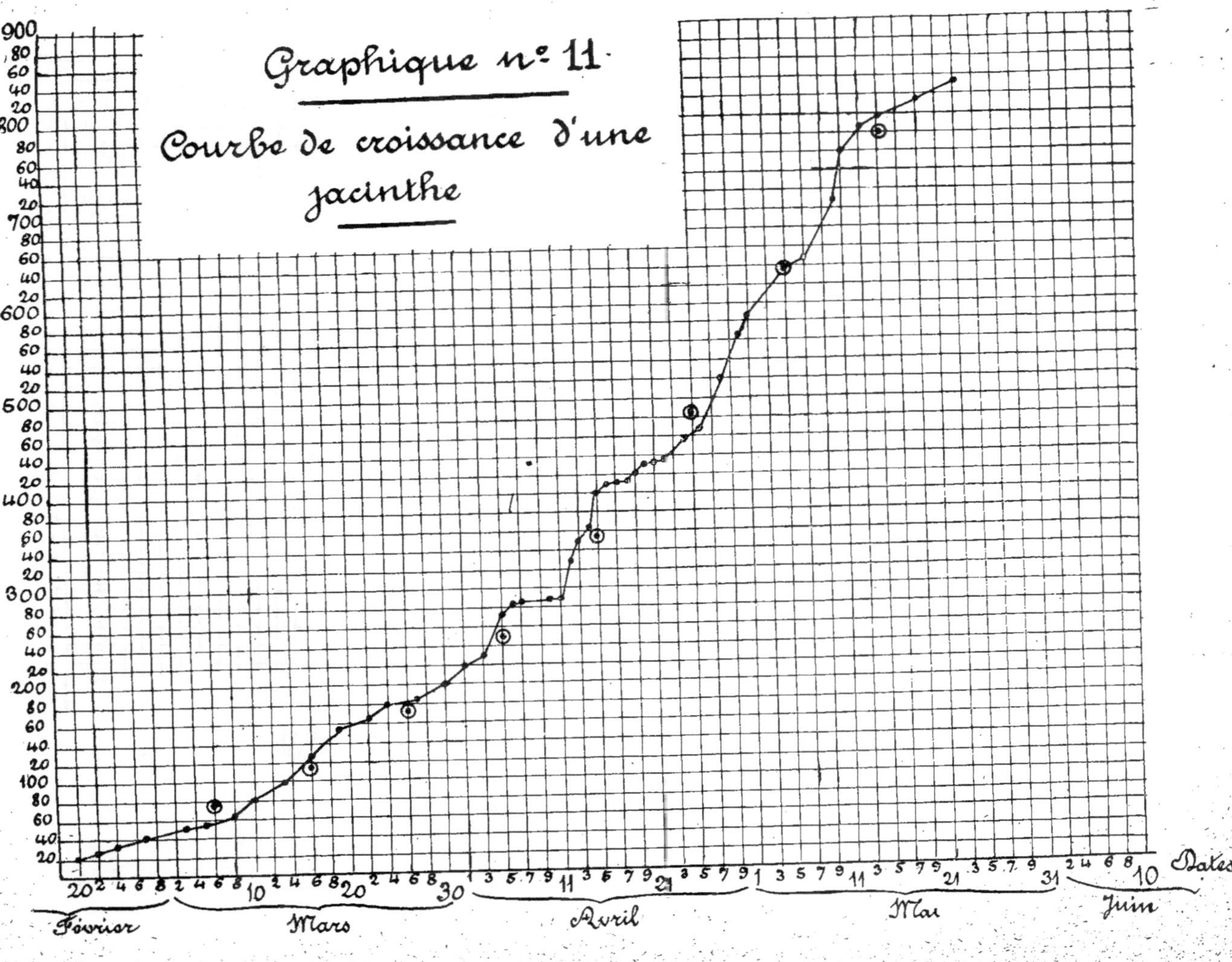
Graphique n° 11
Courbe de croissance d'une jacinthe
900
800
700
600
500
400
300
200
100
Dates
Février
Mars
Avril
Mai
Juin

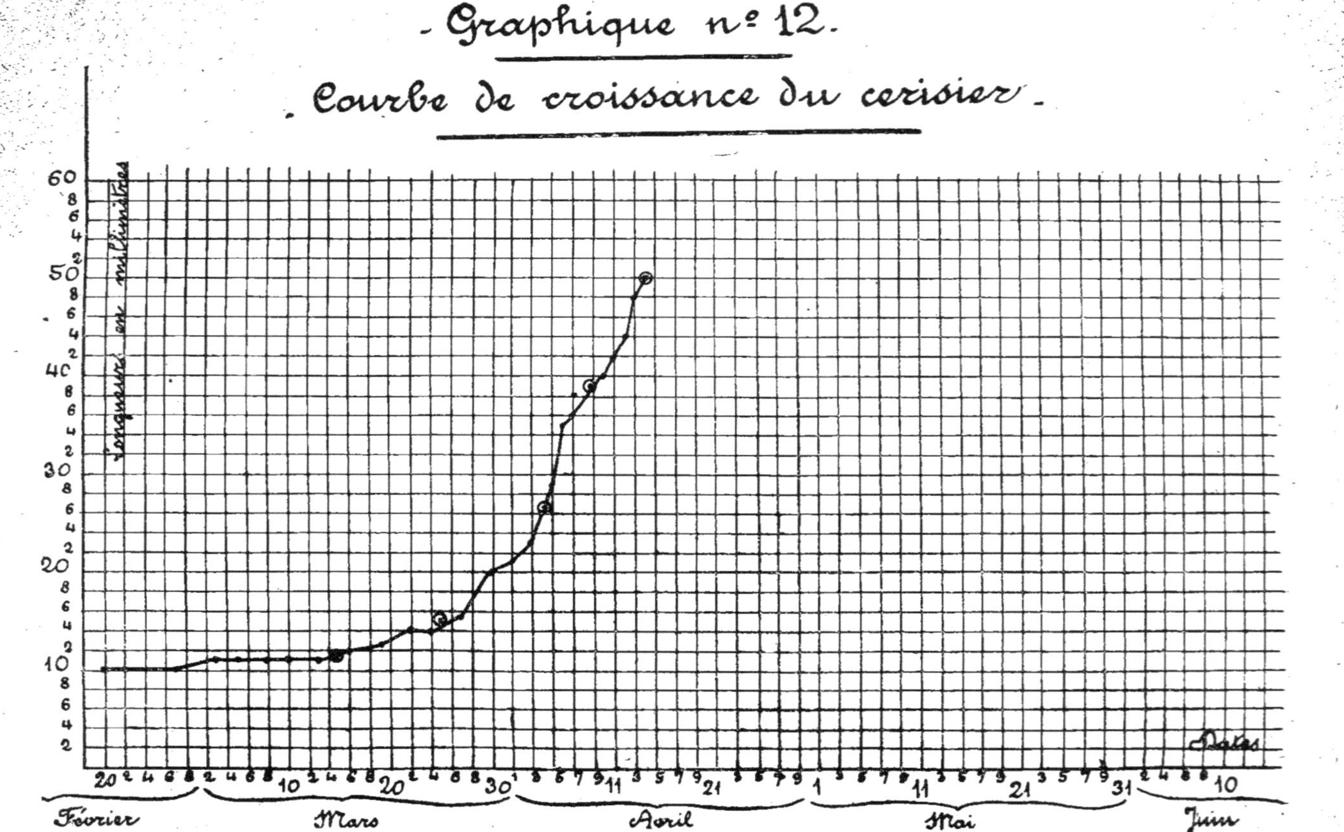

- Graphique n° 12.
- Courbe de croissance du cerisier -
Longueurs en millimètres
60
50
40
30
20
10
Dates
20
10
20
30
1
11
21
1
11
21
31
10
Février
Mars
Avril
Mai
Juin

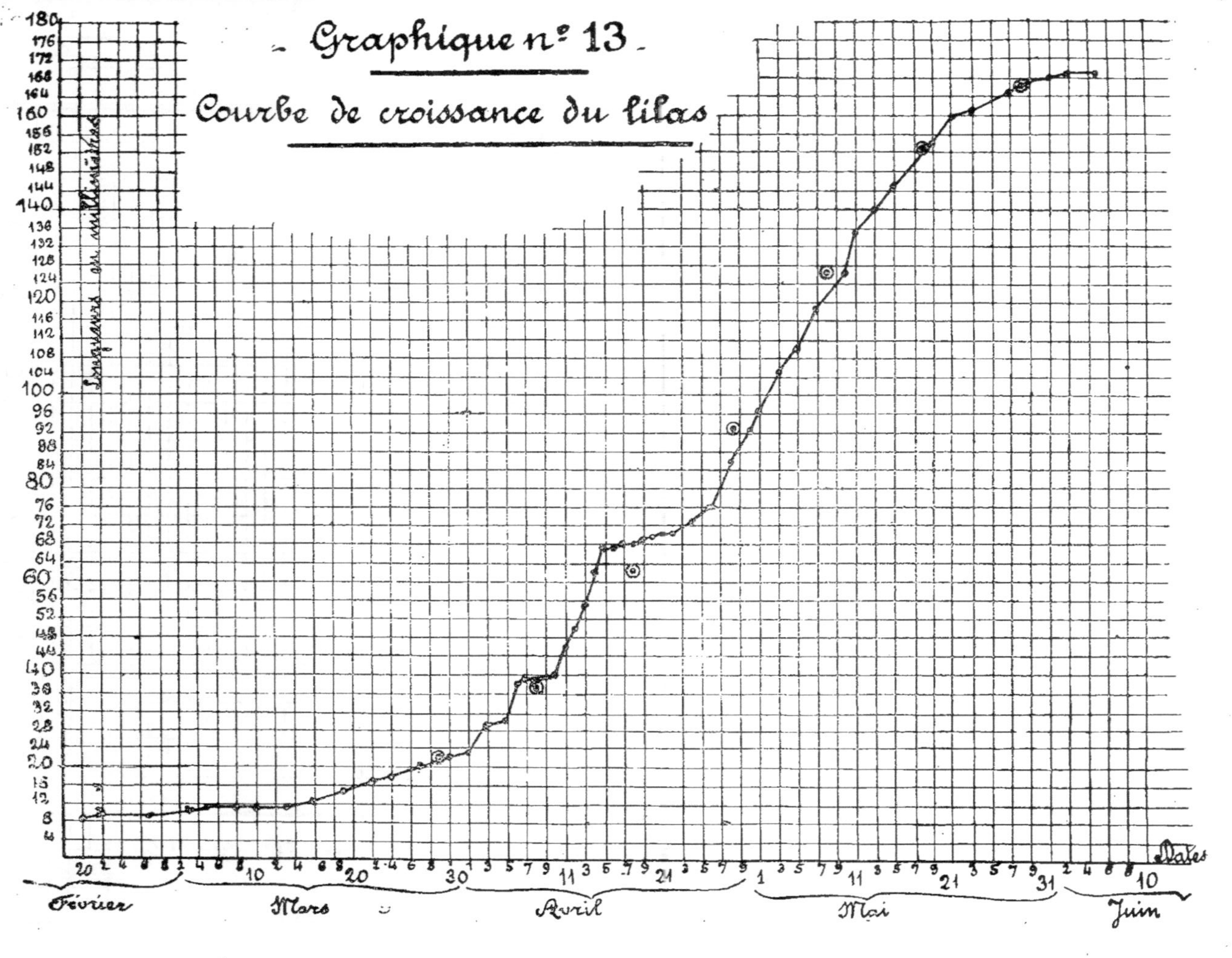

Graphique n° 13
Courbe de croissance du lilas
Longueurs en millimètres
Dates
Février
Mars
Avril
Mai
Juin

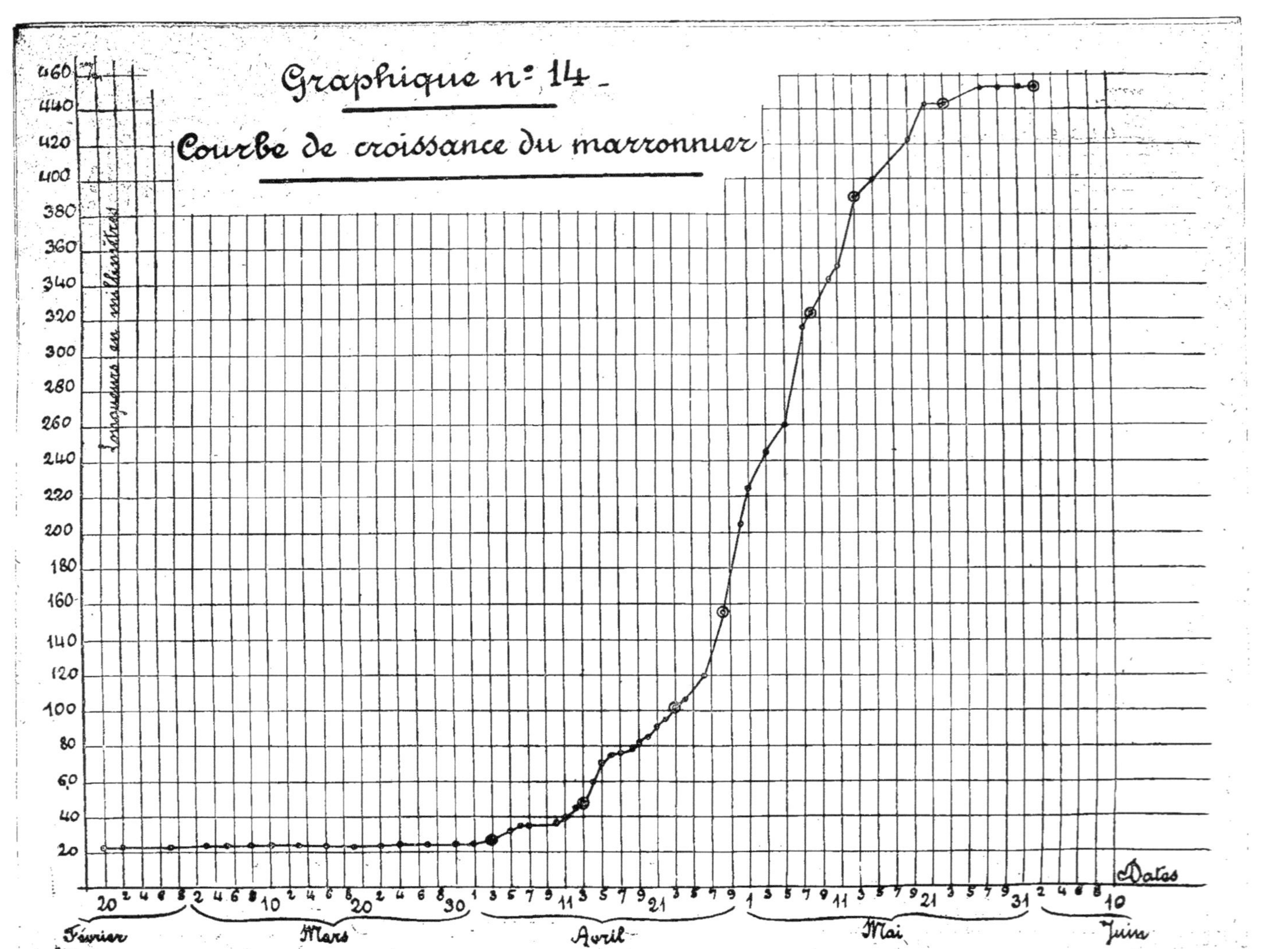

Graphique n° 14 -
Courbe de croissance du marronnier
Longueurs en millimètres
460
440
420
400
380
360
340
320
300
280
260
240
220
200
180
160
140
120
100
80
60
40
20
Dates
Février
Mars
Avril
Mai
Juin

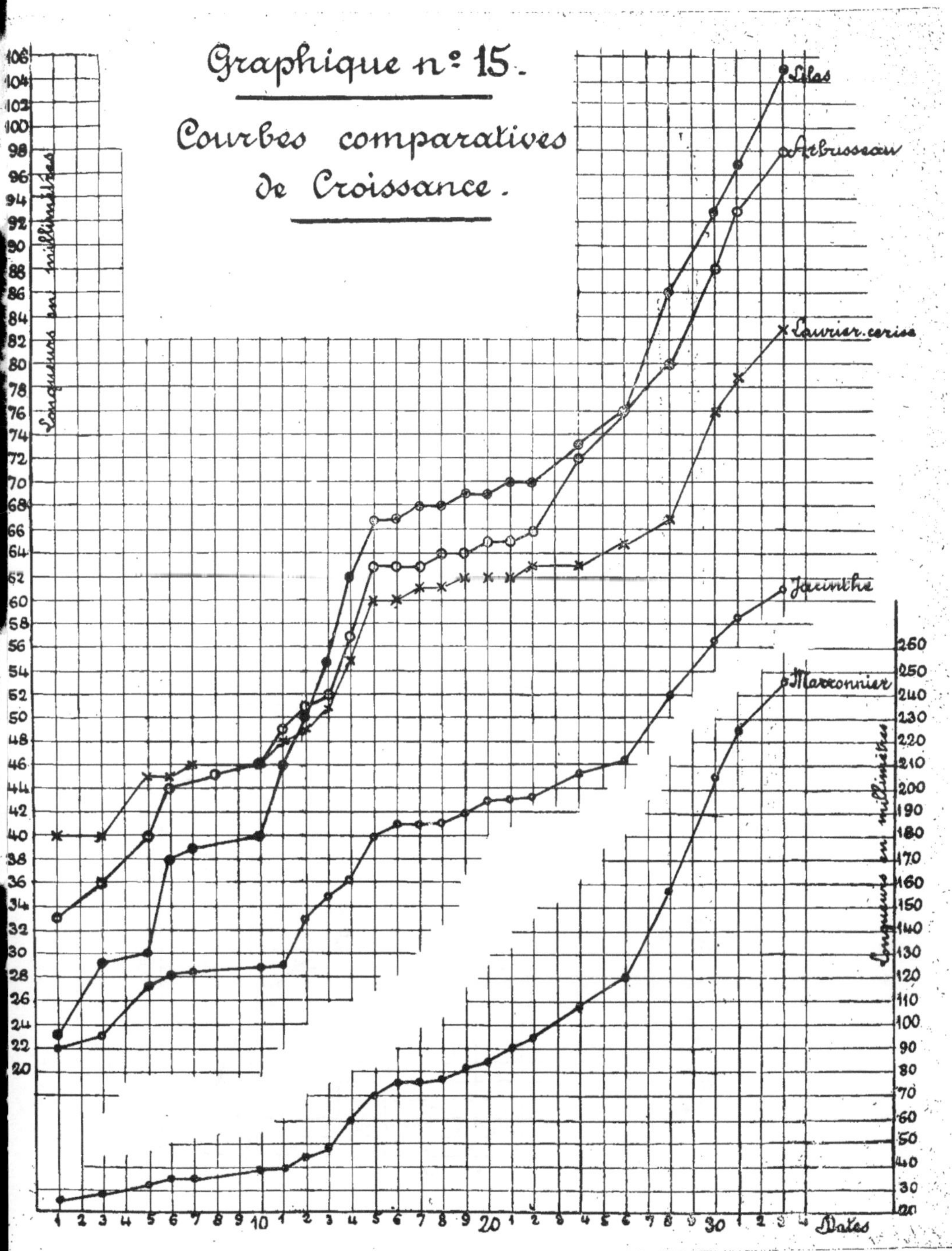

Graphique n° 15.
Courbes comparatives de Croissance.
Longueurs en millimètres
Lilas
Arbrisseau
Laurier.cerise
Jacinthe
Marronnier
Longueurs en millimètres
Dates

Graphique n° 16
Courbe des pressions développées par une explosion

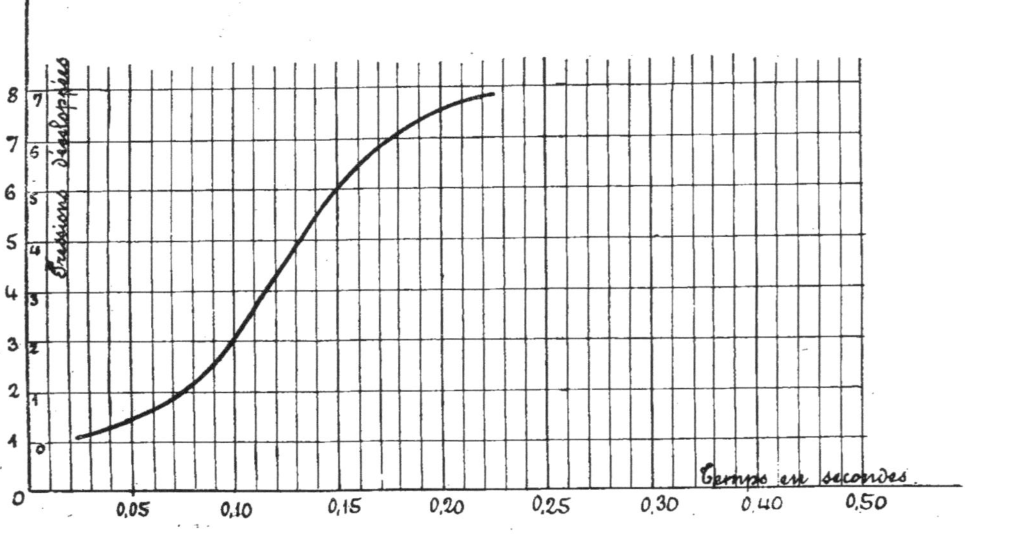
Pressions développées
Temps en secondes
0
0,05
0,10
0,15
0,20
0,25
0,30
0,40
0,50
1
2
3
4
5
6
7
8

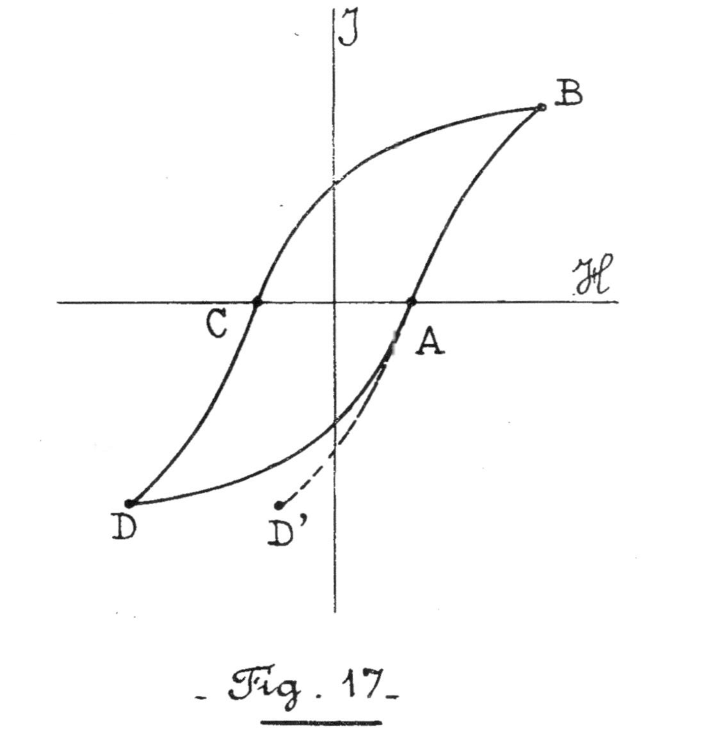

- Fig. 17 -

- Graphique n° 18 -

Cycle d'aimantation d'un acier recuit.

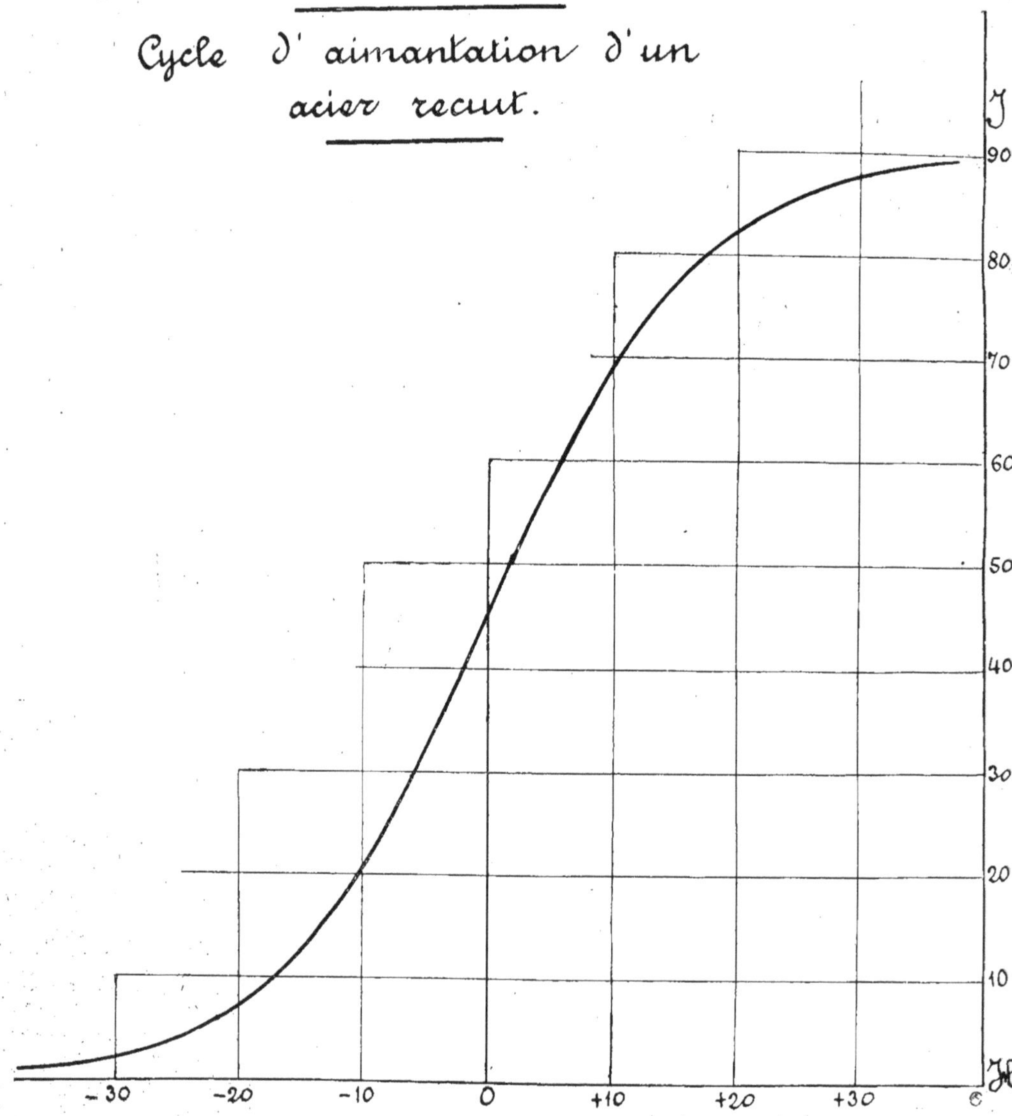

- Graphique n° 19 -

Cycle d'aimantation d'un acier trempé

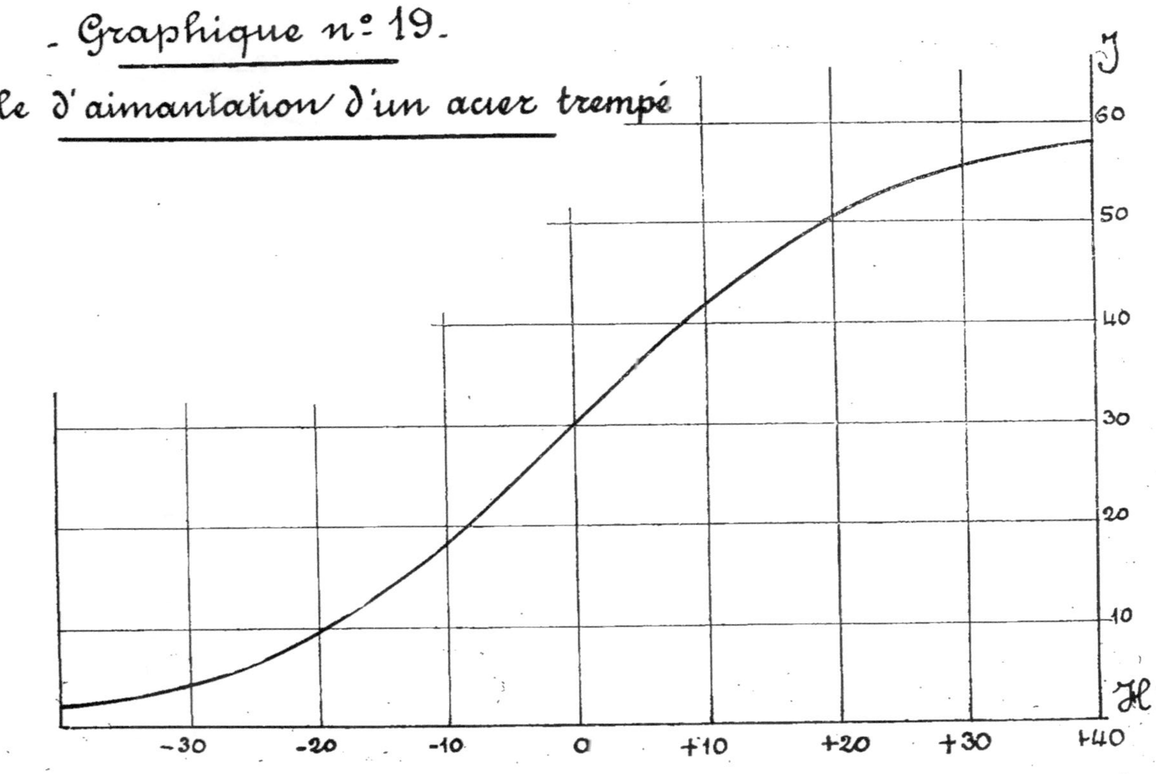

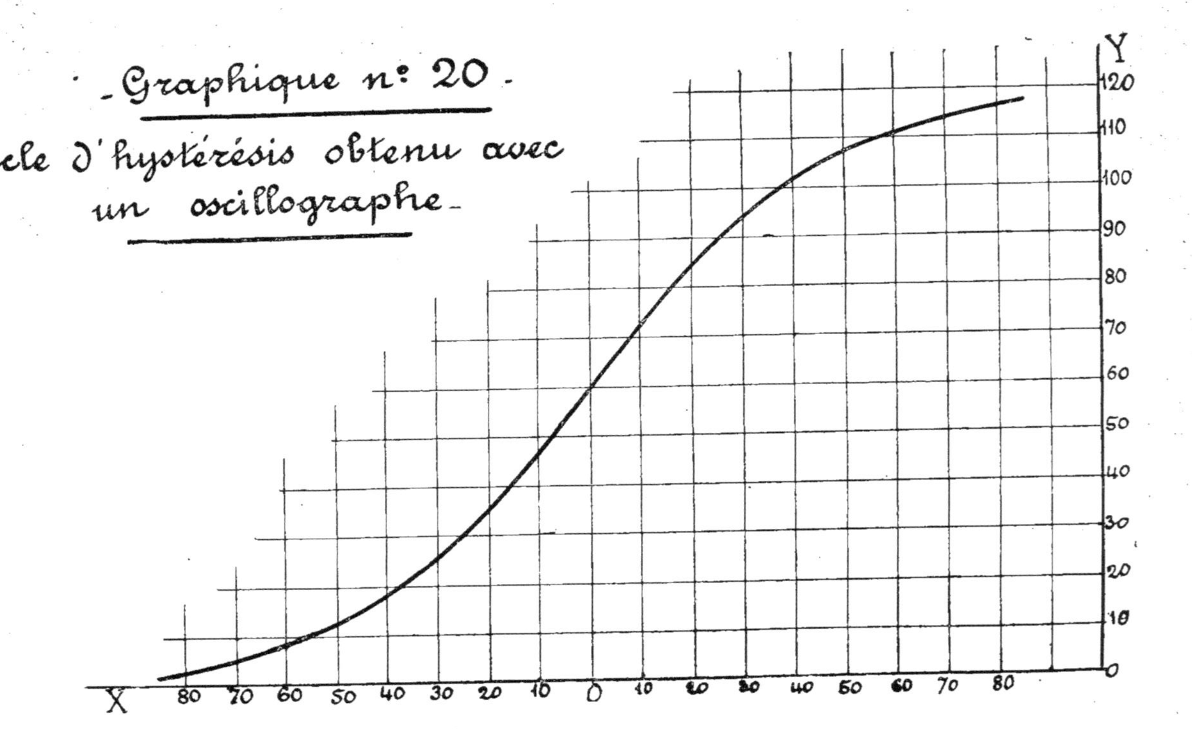

- Graphique n° 20 -

Cycle d'hystérésis obtenu avec un oscillographe -

- Graphique n° 21 -

- Diagramme de Boudouard -

Graphique n° 22.

Cristallisation du bitartrate de potasse.

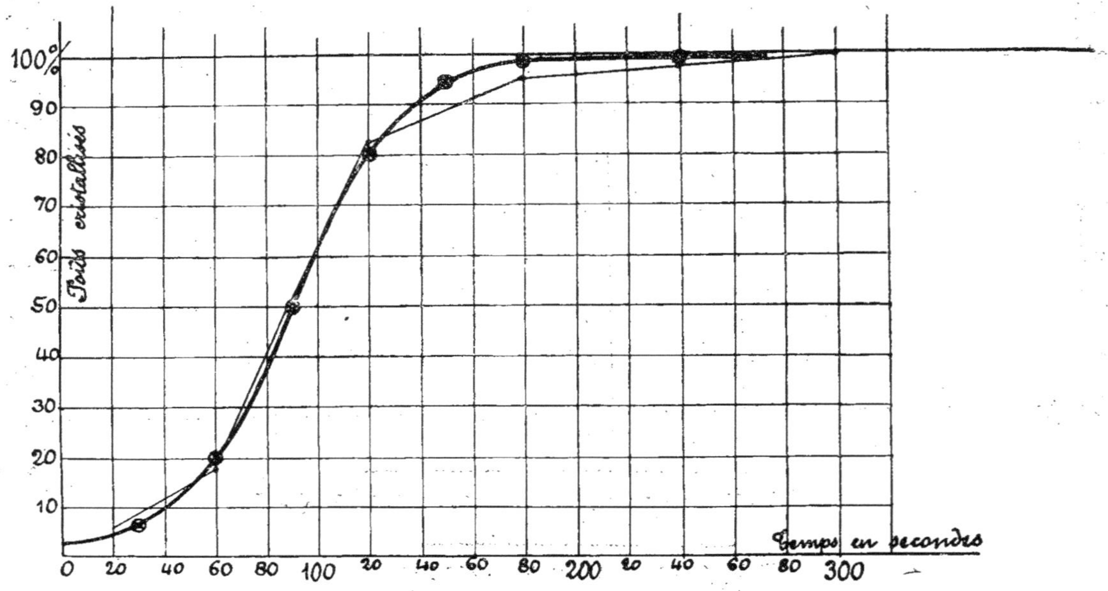

- Graphique n° 23 -

Cristallisation du bitartrate de potasse -

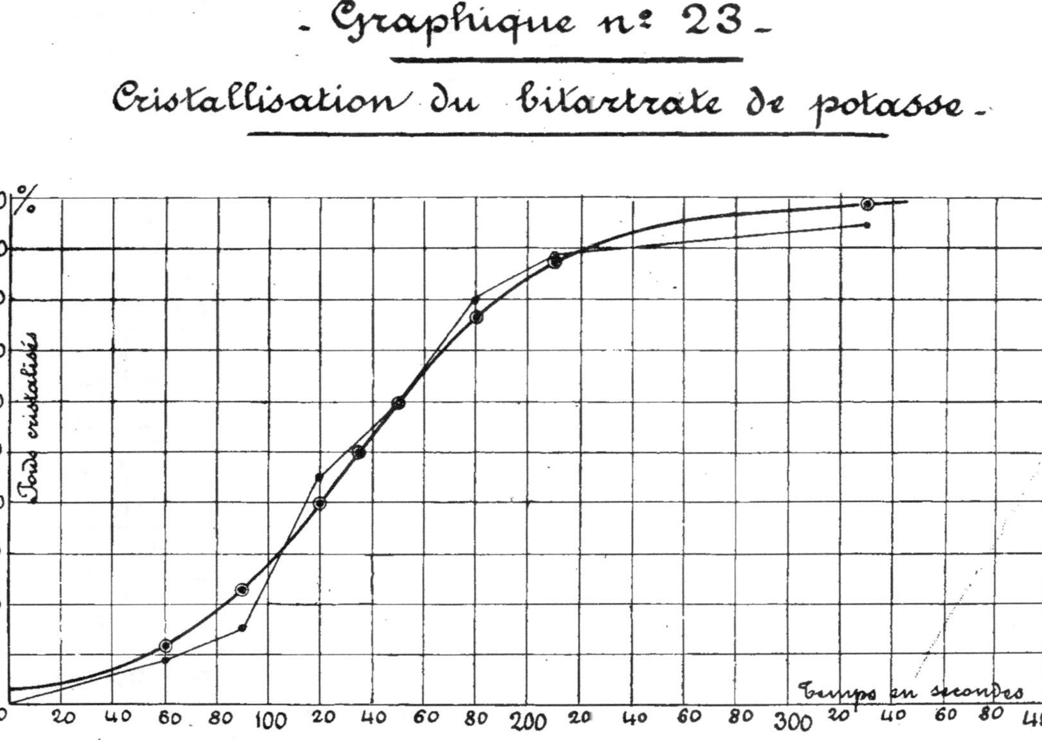

. Graphique n° 24 -

Vitesse de cristallisation d'un liquide surfondu -

Vitesse de cristallisation

120
110
100
90
80
70
60
50
40
30
20
10

Point de fusion

10 20 30 40 50 60 70 80 90 100 110 120

Températures décroissantes

Graphique n° 25.

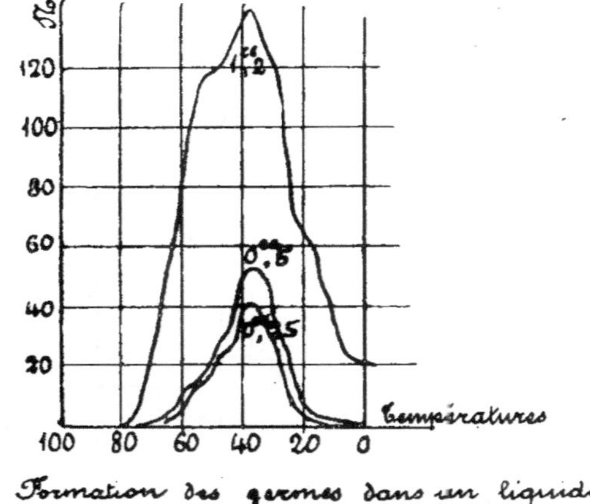

Formation des germes dans un liquide surfondu.

1° en fonction de la 1re

2° en fonction du volume de liquide.

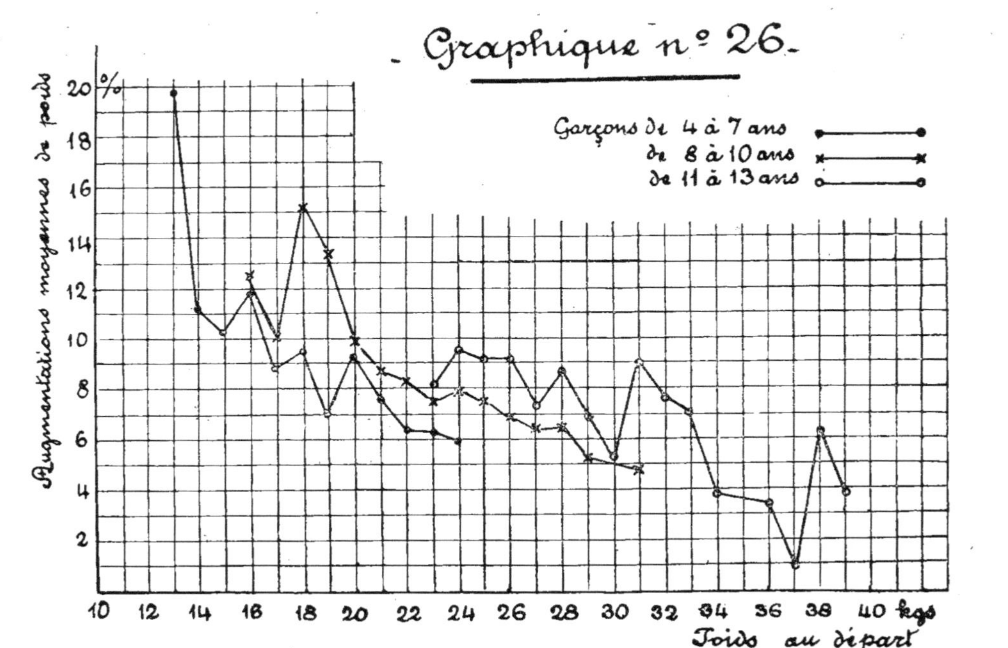

- Graphique n° 26 -
Garçons de 4 à 7 ans
de 8 à 10 ans
de 11 à 13 ans
Augmentations moyennes de poids
20 %
18
16
14
12
10
8
6
4
2
10
12
14
16
18
20
22
24
26
28
30
32
34
36
38
40 kgs
Poids au départ

Graphique n° 27

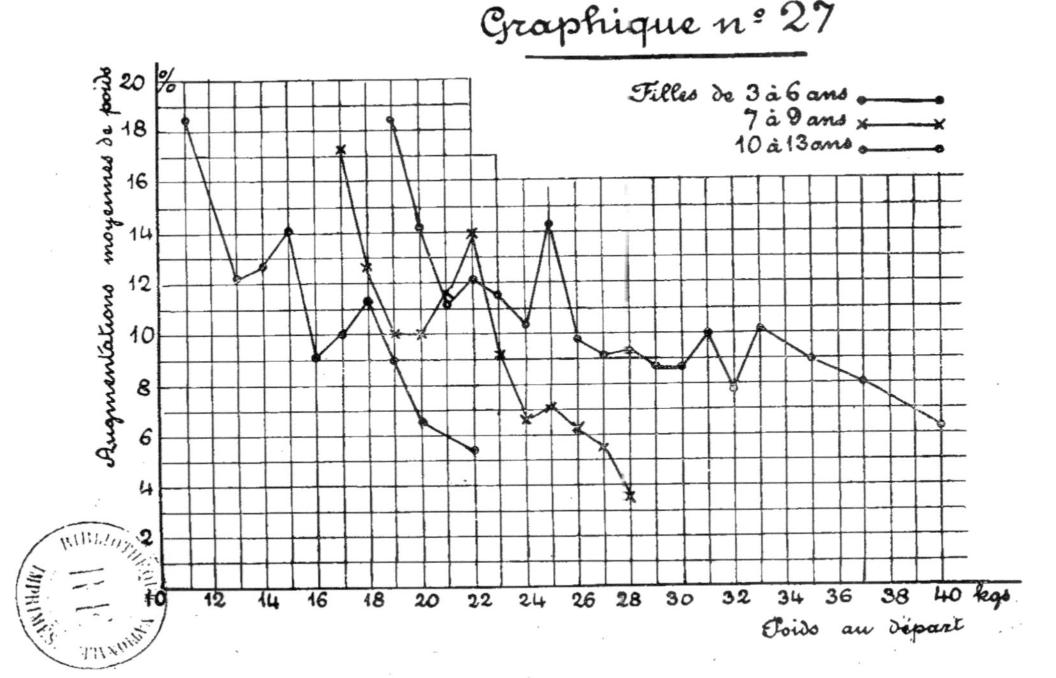